首都经济贸易大学统计学院出版资助
（项目编号 005924620221 13）

U0304930

复杂组学数据的
统计方法及应用研究

单娜阳　著

首都经济贸易大学出版社

Capital University of Economics and Business Press

·北 京·

图书在版编目（CIP）数据

复杂组学数据的统计方法及应用研究 / 单娜阳著.
北京 ： 首都经济贸易大学出版社，2024. 9. -- ISBN
978-7-5638-3742-7

Ⅰ. Q-332

中国国家版本馆 CIP 数据核字第 2024LE5975 号

复杂组学数据的统计方法及应用研究

FUZA ZUXUE SHUJU DE TONGJI FANGFA JI YINGYONG YANJIU

单娜阳　著

责任编辑	徐燕萍
封面设计	**风得信·阿东** FondesyDesign
出版发行	首都经济贸易大学出版社
地　　址	北京市朝阳区红庙（邮编 100026）
电　　话	(010) 65976483　65065761　65071505（传真）
网　　址	http://www.sjmcb.com
E- mail	publish@cueb.edu.cn
经　　销	全国新华书店
照　　排	北京砚祥志远激光照排技术有限公司
印　　刷	北京九州迅驰传媒文化有限公司
成品尺寸	170 毫米×240 毫米　1/16
字　　数	127 千字
印　　张	8.5
版　　次	2024 年 9 月第 1 版　2024 年 9 月第 1 次印刷
书　　号	ISBN 978-7-5638-3742-7
定　　价	38.00 元

前　言

复杂疾病正严重威胁人类生命健康。我国已将"精准医疗"纳入"十三五"国家科技重大专项，并提出"健康中国 2030"规划，指出"要调整优化健康服务体系，强化早诊断、早治疗、早康复"。精准医学指的是对疾病人群进行细致精准的分类和有针对性的治疗。它的实现依赖对致病机理深入系统的理解，而复杂疾病通常是由遗传因素和环境因素共同作用导致的。近十年，随着高通量技术的快速发展和成熟，多组学数据（基因组、转录组、蛋白质组、代谢组等）越来越广泛应用在生物学和临床研究中。一方面，这些丰富的实验数据揭示了新的致病原理，成为精准医学研究的重要支撑；另一方面，多组学数据分析给统计学家提出严峻的挑战。如何开发统计方法有效整合多组学数据，对复杂疾病的机理认识和风险预测具有非常重要的意义。

本书从一般情形下基因调控位点识别到整合调控位点进行疾病风险预测，最后以复杂疾病中的乳腺癌为例进行数据挖掘。我们提出多重中介模型识别表达数量性状位点（expression Quantitative Trait Loci，eQTL），并提出一种新型转录风险评分用于复杂疾病的遗传风险预测。最后，我们分析乳腺癌患者的组学数据研究 tRNA 衍生片段对乳腺癌患者生存的影响机制。

面向复杂疾病的复杂数据的统计建模和计算问题，本书主要研究了 3 个方面：第一，对于遗传机制分析，在已有单一中介模型基础上，将相应模型和算法推广到多重中介模型，将 eQTL 识别问题转换为假设检验问题，并给出相应统计推断方法。数据模拟实验证明，该方法能够有效控制第一类错误，具有鲁棒性，相比单一中介模型取得了更高的统计功效。该方法在 HapMap3 数据集上的应用让我们发现了更多的 trans-eQTL，这对理解基因调控以及复杂疾病的遗传机制具有重要的理论和应用价值。第二，针对遗传风险预测问题，构建转录风险评分，并建立基于线性模型的参数估计方法，有效整合了 eQTL 和疾病遗传学数据。模拟数据和实际数据分析表明，转录风险评分在多基因风险评分基础上提高了遗传风险预测的准确率；把新方法应用到多种疾病上，单组织转录风险评分一致优于现有方法，多组织风险评分的表现与性状相关，对精准医学研究和临床应用具有潜在的转化价值。第三，针对乳腺癌生物标志物挖掘问题，对乳腺癌患者多组学数据进行挖掘，发现了与总生存相关的 tRNA 衍生片段以及与乳腺癌相关的基因、通路，对认识乳腺癌中 tRNA 衍生片段的生物学功能具有启示。

本书在编写过程中，在保持专业术语严谨的前提下，尽可能做到结构合理、概念清楚、条理分明、深入浅出、形象化，可作为对统计遗传学、生物信息学、生物统计领域感兴趣的人员的入门和进阶学习资料。本书得以成功出版，要感谢我的恩师清华大学统计与数据科学系的侯琳副教授。侯老师勤奋刻苦的科研精神一直鼓舞着我，她的言传身教将使我受益终生。感谢耶鲁大学生物统计系的汪作蕣副教授对我的指导。最后，感谢首都经济贸易大学统计学院提供出版资助（项目编号：00592462022113），感谢学校和学院领导的大力支持和宝贵意见。

由于作者水平有限，书中难免存在疏漏与不足之处，恳请专家和广大读者批评指正。

首都经济贸易大学统计学院
单娜阳
2024 年 5 月

目　　录

1

第1章　绪论

1.1　研究背景及意义

根据世界卫生组织统计，2019 年前 10 位死因占全球 5 540 万死亡人数的 55%。按死亡总人数排序，全球最大的死亡原因与三大主题有关：心血管疾病（缺血性心脏病、中风）、呼吸道疾病（慢性阻塞性肺疾病、下呼吸道感染）和新生儿疾病。世界上最大的杀手是缺血性心脏病，占世界总死亡人数的 16%，自 2000 年来死于该疾病的人数增加最多，2019 年增加了 200 多万人，达到约 890 万人；中风和慢性阻塞性肺疾病是第二和第三大死亡原因，分别占总死亡人数的 11% 和 6%。此外，自 2000 年以来，糖尿病的死亡率显著上升了 70%，目前已进入前 10 位死亡原因。由此可见，心血管疾病、慢性阻塞性肺疾病、糖尿病等复杂疾病正严重威胁着人类健康的可持续发展。

现阶段，我国人民群众对美好生活的需要日益增长，这其中就包括人民群众日益增长的健康需求。我国出台了"精准医疗"白皮书，提出"健康中国 2030"规划，指出"要调整优化健康服务体系，强化早诊断、早治疗、早康复"。因此，对复杂疾病进行研究具有非常重要的实践意义。只有更好地理解复杂疾病的发生机制，更精准地预测疾病的发生风险，才能为复杂疾病的早期诊断、预防和治疗提供更有价值的建议与指导。

由单一基因变异引发的疾病被称为孟德尔疾病或单基因病，如镰状细胞贫血、白化病、色盲等。而复杂疾病是由多种遗传因素、环境因素和生活方式共同作用导致的，绝大多数疾病都属于复杂疾病，包括一些先天性缺陷和一些成年后发作的疾病（Craig，2008）。复杂疾病的一些例子包括糖尿病、心血管疾病等。个体会遗传与复杂疾病相关的基因，但遗传因素仅代表与复杂疾病相关风险的一部分，并不意味着一定患病。

　　研究表明，复杂疾病的分子复杂性主要表现在基因组、表观基因组、转录组、蛋白组等（Hawkins，Hon，and Ren，2010；Koboldt et al.，2012）。2001年，人类基因组计划的初步完成是基因组测序技术产生和发展的重要里程碑。近年来，随着高通量技术的快速发展和成熟，多组学数据（基因组、表观基因组、转录组、蛋白组、代谢组等）越来越广泛应用在生物学和临床研究中（Ritchie et al.，2015），为复杂疾病遗传机制研究和遗传风险预测提供了一个契机（如图1-1所示）。当然，与之相应的多组学数据的整合方法和技术也亟待改善。从类型复杂、高维度的数据中提取有效信息、发现总结规律，并为决策提供一些理论和实际的指导，这是统计学义不容辞的使命和责任。

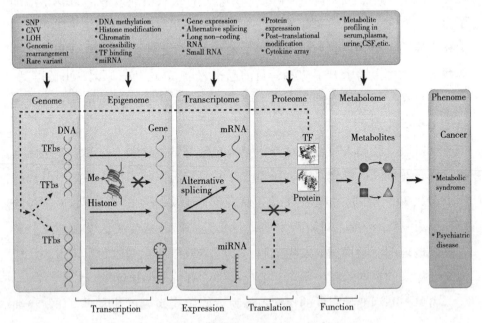

图1-1　从基因组、表观基因组、转录组、蛋白组、
代谢组到表型的多组学生物系统（本图来自文献 Ritchie et al.，2015）

本书主要介绍我们在复杂疾病多组学数据的统计方法和应用领域开展的三项研究工作：从一般情形下基因调控位点的识别到整合调控位点进行疾病风险预测，最后以复杂疾病中的乳腺癌为例进行数据挖掘。本书以复杂疾病的遗传统计学研究为主线开展研究，对复杂疾病的机理认识和风险预测具有重要的理论价值和实际应用价值。接下来，介绍本书使用的一些生物概念和研究现状。

1.1.1 单核苷酸多态性

单核苷酸多态性（Single Nucleotide Polymorphism，SNP）是指基因组中由单个碱基（A、T、C 或 G）变异所引起的 DNA 序列的多样性。举一个例子，DNA 片段 AACGATTA 中的 C 替换为 T，产生序列 AATGATTA，我们称之为两个等位基因，通常用 a 和 A 表示。大多数 SNP 只有两个等位基因：一个是主等位基因，即人群中最常见的等位基因；另一个是次等位基因，即人群中第二常见的等位基因。一个基因座有 3 种基因型，即 aa、Aa、AA。SNP 在人类基因组中广泛存在，平均每 100～1 000 个碱基中有一个 SNP，其总数高达千万级别（Laird and Lange，2011）。SNP 可以发生在基因编码区域或非编码区域，可能与疾病发生风险、药物反应等相关联，是遗传学研究中一个非常重要的工具。

1.1.2 全基因组关联分析

全基因组关联分析（Genome-Wide Association Study，GWAS）指的是在全基因组层面上开展的 SNP 与性状之间的关联性研究，从而找到与性状显著相关的 SNP。GWAS 为全面研究复杂疾病的遗传因素，揭示与疾病发生、发展、治疗相关联的遗传基因，打开了新的篇章。近年来，大规模的 GWAS 已经成功识别成千上万的 SNP，为了解人类复杂疾病的发生机制奠定了基础。

随着 GWAS 迅速增加，一个关于 SNP 与性状有关联记录的系统性、结构化的数据库呼之欲出。2008 年，美国国立人类基因组研究所创建 GWAS Catalog 数据库（MacArthur et al., 2017）。该数据库将 GWAS 结果加以汇总、梳理，可以免费访问和下载，为广大学者和临床医生研究遗传变异对性状的影响提供了便利。2005 年，第一篇 GWAS 文章在《科学》期刊上发表，研究的性状是老年黄斑变性（Klein et al., 2005），之后陆续出现了冠心病、肥胖、Ⅱ型糖尿病等的研究报道。根据 GWAS Catalog 数据库不完全统计，截至 2018 年 9 月，已经有 3 567 篇 GWAS 文章发表，报道了 71 673 条 SNP 与性状关联的记录（Buniello et al., 2019）。

此外，我们追踪了 GWAS Catalog 数据库的最新结果，发现从 2018 年开始 GWAS 领域发表的文章数量有下降的趋势，但是报道的 SNP 与性状相关的记录呈现先下降后快速上升的趋势（见图 1-2）。截止到 2021 年 12 月，4 936 篇 GWAS 文章发表，报道了 342 371 条 SNP 与性状相关的记录，其中分析了 7 000 多种性状，识别了将近 19 万个与性状有关的遗传变异位点。我们还统计了与不同性状相关的 SNP 数目（见图 1-3），发现与身高、体重指数显著相关的 SNP 数量最多，与糖尿病相关的 SNP 高达 2 505 个。

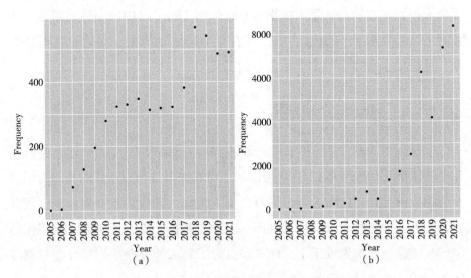

图 1-2　2005~2021 年全基因组关联分析趋势图

（a）为发表文章的数量，（b）为识别 SNP 与性状相关关系的数量

图 1-3　性状词云图

字号大小代表与性状相关的 SNP 的频数大小

GWAS 基于基因芯片或高通量 DNA 测序技术，需要进行严格的质量控制去掉测序质量差的样本和 SNP。考虑到去掉一个 SNP 的影响可能大于去掉一个个体的影响，因此首先对个体进行质量控制，然后对 SNP 进行质量控制，最大限度降低遗漏信号的可能性（Wang, Cordell, and Van, 2019）。关于个体的质量控制，通常考虑 4 个方面：①识别性别信息不一致的个体。②识别基因分型率低的个体。一般当个体的基因分型缺失率大于 5% 时，考虑去掉该个体。③识别可能具有亲属关系或重复的个体。④识别个体中的异常值。主成分分析常被用于检测异常值，如果一个个体至少与前 10 个主成分之一的均值偏离 6 个标准差以上，就被定义为异常值（Price et al., 2006）。关于 SNP 的质量控制，通常考虑 3 个方面：①识别基因分型缺失率高的 SNP。一般当 SNP 基因分型缺失率大于 5%（Anderson et al., 2010）时，考虑去掉该 SNP。②去掉偏离哈迪-温伯格平衡（Hardy-Weinberg Equilibrium, HWE）定律的 SNP。③去掉次等位基因频率（Minor Allele Frequency，MAF）低的 SNP。以上步骤可借助 PLINK 软件实现（Purcell et al., 2007），具体参数设置可参考已有文献（Anderson et al., 2010; Laurie et al., 2010; Wang, Cordell, and Van, 2019）。

在 GWAS 中，为方便分析，会将基因型信息转化为数字。一般将基因型 aa、Aa 和 AA 量化成 0、1 和 2 来刻画 SNP，即可加模型，在 GWAS 中最常用（Wang, Cordell, and Van, 2019）。还有其他两种量化方式：A 主导模型将 aa、Aa、AA 编码成 0、1、1；A 退化模型将 aa、Aa、AA 编码成 0、0、1。与基因型相对应的是表现型，即个体表现出来的性状特征，可以是离散变量，如是否患病；也可以是连续变量，比如身高、血压。一般而言，GWAS 是将表现型和每一个 SNP 逐一进行关联分析，经过分析得到大量的 GWAS 概括统计量（summary statistics）。假设 Y 是 n 维的表现型数据（n 为 GWAS 研究的样本量），X_l 是第 l 个 SNP 对应风险等位基因的拷贝数，一般可以根据简单线性回归 $Y = \alpha_1 + X_l \beta_l + \varepsilon$（$\alpha_1$ 是截距项，ε 是误差项）得到 SNP 效应规模的估计 $\hat{\beta}_l$，相应的标准误差 $se(\hat{\beta}_l)$ 以及 Z 值 $z_l = \hat{\beta}_l / se(\hat{\beta}_l)$。在该 SNP 和表现型不相关的原假设下，$Z$ 值服从自由度为 $n-2$ 的 t 分布，据此可以得到双边检验的 p 值 p_l。在 GWAS 中，考虑到全基因组 SNP 高达千万级别，需要对多重假设检验进行校正，一般采用 Bonferroni 校正，即设置全基因组显著性水平的阈值为 5×10^{-8}（Risch and Merikangas, 1996），如图 1-4 中红线（长横线）所示。

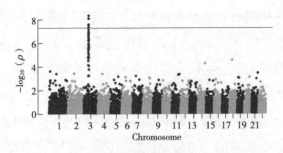

图 1-4 曼哈顿图

红线代表全基因组统计显著性水平 5×10^{-8}

在 GWAS 后续分析中，GWAS 结果的可重复性和可解释性备受关注。关注可重复性有助于认识疾病之间的异质性。由于 SNP 之间存在连锁不平衡（Linkage Disequilibrium，LD），具有最小 p 值的 SNP 不一定是因果变异，因此学者们发展了精细定位（fine-mapping）策略来确定可能的因果变异。这里的 LD 指某一群体中两个或多个基因座的等位基因的非随机关联现象，即两个等位基因同时出现的概率偏离随机出现的概率（Slatkin，2008）。精细定位有助于更有效地设计基因功能研究，帮助理解疾病风险背后的生物学机制，从而最终干预这些机制，来帮助实现疾病的精准治疗。正如 GWAS Catalog 数据库汇总了大量 GWAS 结果，精细定位的数据库同样被建立。CAUSALdb 数据库整合了 3 000 多个 GWAS 研究的概括统计量（http://mulinlab.org/causaldb），并且通过统一处理的精细定位识别了一系列可信的因果关系集。

总之，GWAS 识别了大量与复杂疾病相关的 SNP，但 SNP 是如何影响疾病发生的尚不清楚。虽然中心法则表明从 DNA 到表现型的遗传调控包括转录、翻译等关键环节，但是基因型到表现型的遗传调控机制依然是学界公认的科学难题（Dowell et al.，2010）。根据中心法则，基因表达水平是 DNA 到表现型的中间变量，这就意味着对 SNP 影响基因表达的统计方法研究将对表现型遗传调控机制的理解具有重要的理论和实际指导意义。

1.1.3 表达数量性状位点

在 GWAS 中，如果关心的性状是一类特殊数据，即基因表达水平的数据，这时识别的显著的 SNP 被称为表达数量性状位点（expression quantitative trait loci，eQTL）。eQTL 是影响基因表达水平的遗传变异。一般地，位于基因转录起始位置一百万碱基（megabase）内称为顺式-表达数量性状位点（cis-eQTL），位于基因转录起始位置一百万碱基之外或不同染色体上称为反式-表达数量性状位点（trans-eQTL），如图 1-5 所示（Gilad，Rifkin，and Pritchard，2008）。

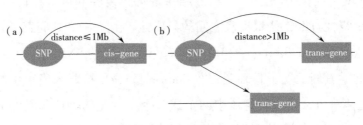

图 1-5　eQTL 图示

（a）cis-eQTL，（b）trans-eQTL

eQTL 识别对理解基因调控和复杂性状遗传调控机制具有重要的意义。近年来，基因组和转录组测序技术的快速发展为 eQTL 的识别奠定了数据基础，研究人员能够更深入地认识和理解遗传变异对基因表达水平的影响。值得一提的是，基因型－组织表达（Genotype－Tissue Expression，GTEx）项目构建了目前规模最大、覆盖面最广的 eQTL 数据库。此项目对来自正常人体中多个组织的样本进行基因组和转录组测序，如 GTEx v6p 版本中 449 个捐赠者的 44 个组织用于 eQTL 分析（Battle et al.，2017）。在最新的 GTEx v8 版本的 eQTL 分析中捐赠者已经增加到 838 人，组织也增加到 49 个，不同组织中具有基因型数据的样本量见图 1－6（GTEx Consortium，2020）。该数据库旨在为研究人员提供研究人类基因表达和调控及其与遗传变异关系的资源，允许用户免费访问下载计算得到的 eQTL 结果。

除了 GTEx 数据库，一些研究也进行了特定组织或细胞类型中的 eQTL 分析。这里，我们总结了一些 eQTL 分析资源（见表 1-1），供相关领域的研究人员参考。例如 Westra 等（2013）利用 7 个研究中 5 311 份外周血样本进行了荟萃分析，Võsa 等（2021）利用 37 个 eQTLGen 联盟队列的多达 31 684 份血液样本进行了大规模的荟萃分析。我们将在 1.2.1 节回顾 eQTL 的研究方法和研究趋势。

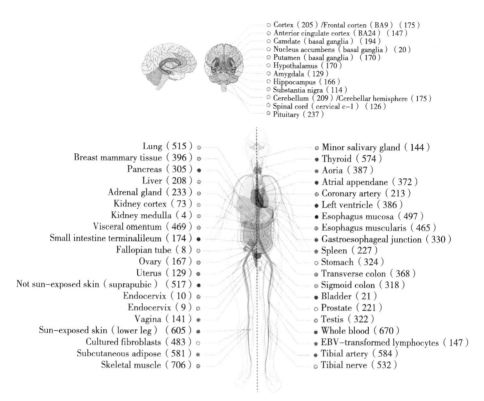

图 1-6 GTEx v8 版本的 54 个组织（本图来自文献 GTEx Consortium, 2020）

括号中的数字表示基因型捐赠者的样本量，相邻圆圈中的颜色编码表示相应的组织

49 个组织具有基因型数据的样本数目不少于 70，用于 eQTL 分析

表 1-1 eQTL 数据库

数据库名称	组织或细胞类型	样本量	参考文献
Blood eQTL Browser	peripheral blood	5 311	Westraet 等（2013）
Geuvadis Project	lymphoblastoid cell lines	462	Lappalainen 等（2013）
DGN	whole blood	922	Battle 等（2014）
Dryad	peripheral blood	1 799	Pierce 等（2014）
CAGE	peripheral blood	2 765	Lloyd-Jones 等（2017）
DICE	13 immune cell types	91	Schmiedelet 等（2018）

续表

数据库名称	组织或细胞类型	样本量	参考文献
PsychENCODE	human brain	1 866	Wang 等（2018）
Eye eQTL Browser	retina	129	Orozcoet 等（2020）
GTEx v8	49 tissues	838	GTEx Consortium（2020）
eQTLGen	blood	31 684	Võsa 等（2021）

1.1.4 全转录组关联分析

正如 1.1.2 节提到的，GWAS 揭示了大量与性状相关的 SNP，增加了人们对复杂性状遗传结构的认知。然而，大多数 SNP 的生物学机制尚不明确。全转录组关联分析（Transcriptome-Wide Association Study，TWAS）通过整合 eQTL 数据和 GWAS 数据，为更好理解 SNP 与性状之间的遗传调控机制提供了契机。TWAS 是以基因为单位，将一组遗传变异调控的基因表达（genetically regulated expression）与复杂性状进行关联分析的一类方法，相比 GWAS 具有更好的解释性。

TWAS 框架主要包括 3 个步骤（见图 1-7）：①基于参考数据集训练得到由个体基因型预测基因表达水平的模型；②基于基因表达水平预测模型，预测 GWAS 队列的基因表达水平；③将基因表达水平预测值与性状进行关联分析，从而识别与性状相关的基因。

PrediXcan（Gamazon et al.，2015）和 FUSION（Gusev et al.，2016）是早期 TWAS 框架下的两种经典方法，分别利用弹性网络和贝叶斯稀疏线性混合模型训练基因表达水平预测模型，将基因表达预测值与性状进行关联分析。在 TWAS 基本框架下，基于 PrediXcan 和 FUSION，TWAS 统计功效的改进主要集中在两个方向：①如何更准确构建基因表达量预测模型。其中，fQTL 是一个跨组织贝叶斯多元线性回归模型，将 eQTL 的效应划分为 SNP 特有和组织特有的效应，使用 spike 和 slab 先验进行变量选择并利用

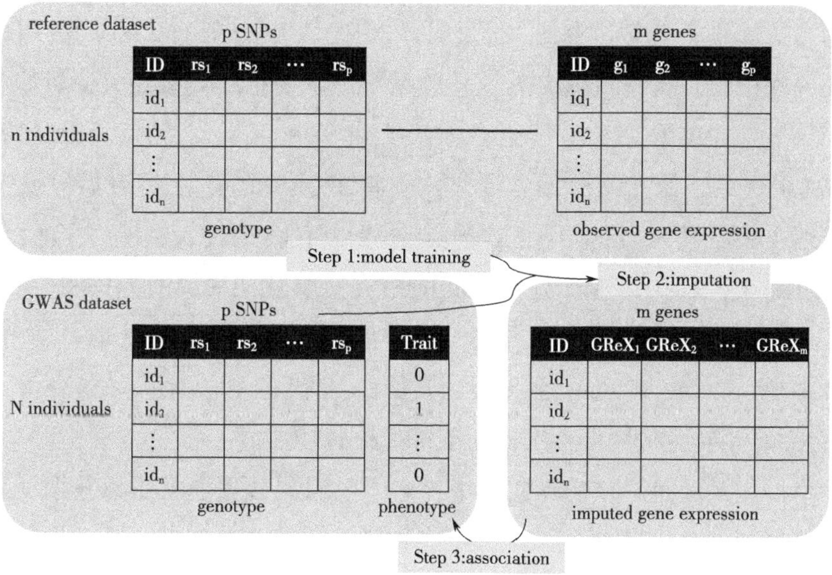

图 1-7 全转录组关联分析框架（本图来自文献 Xie et al., 2020）

随机变异推断优化方法求解模型（Park et al., 2017）。UTMOST 建立了一个跨组织多元回归预测模型，该模型对组织内效应进行 Lasso 惩罚、对跨组织效应进行 Group Lasso（Hu et al., 2019）。Feng 等（2021）利用稀疏典型相关分析（sparse canonical correlation analysis）获取对多个组织中共享的基因表达的任意遗传贡献度，构建多组织联合预测模型，改进了基因表达水平预测模型。TIGAR 基因表达水平预测模型中将原有的线性模型拓展到非参数模型（Nagpal et al., 2019）。EpiXcan（Zhang et al., 2019）与 TF-TWAS（Tang and Gottlieb, 2018）采用贝叶斯模型，分别将表观基因组信息（包括 DNA 甲基化、组蛋白修饰和染色质可及性）、转录因子多态性等注释信息作为效应大小的先验分布整合到基因表达水平预测模型中。Bhattacharya，Li 和 Love（2021）通过整合 trans-eQTL、microRNA、DNA 甲基化位点、转录因子等多组学数据提高基因预测能力。②如何进行基因表达水平预测值与性状的关联分析。其中，UTMOST 利用广义伯克琼斯检验实现多个单组织 TWAS 检验结果的联合评价（Hu et al., 2019）。

MultiXcan 将多组织基因表达水平预测值的主成分与性状进行关联分析，以提高统计检验功效（Barbeira et al., 2019）。Feng 等（2021）使用聚合柯西关联检验，将单组织 TWAS 检验结果与基于稀疏典型相关分析的多组织 TWAS 检验结果结合，相比 UTMOST 和 S-MultiXcan 提高了检验功效。CoMM 提出基于似然函数的推断方法，将 TWAS 框架中三步的归为一步，以处理 TWAS 第一步基因表达量点估计的不确定性，提高了检验功效（Yang et al., 2019）。基于性状之间的相关性以及共享的遗传机制，Liu 等（2021）提出 moPMR-Egger 方法，将具有连锁不平衡关系的 cis-SNP 作为工具变量，每次实现一个基因与多种性状的相关性联合检验，比 PrediXcan 等单性状分析方法提高了统计检验功效。

值得注意的是，在实际应用中，个体基因型数据通常难以获取，研究者只能得到 GWAS 概括统计量。基于数学公式推导，TWAS 基础框架中的二、三步可以合并，仅利用第一步得到的基因表达预测模型与 GWAS 概括统计量，就可以检验基因表达与性状间的关联关系。基于 GWAS 概括统计量的方法包括 FUSION（Gusev et al., 2016）、S-PrediXcan（Barbeira et al., 2018）、S-MultiXcan（Barbeira et al., 2019）、CoMM-S2（Yang et al., 2020）等。

谈到 TWAS，还有一些相关的方法可用来对 GWAS 队列信息和参考人群中的 eQTL 数据进行整合分析：孟德尔随机化（Mendelian randomization）方法和共定位（colocalization）方法。与 TWAS 不同，孟德尔随机化方法关心的是观测基因表达水平与性状的关系，不涉及预测基因表达水平，该方法依赖比 TWAS 更加严格的假设，把 cis-eQTL 作为工具变量推断基因与性状的关系。相比于 TWAS，共定位方法识别在 GWAS 和 eQTL 研究中同时显著的 SNP，不涉及基因表达水平预测，也不涉及基因表达水平和性状的关联性检验。值得注意的是，共定位方法可以用来辅助 TWAS 分析，过滤掉 TWAS 中因 LD 引起的假阳性结果。我们对三种方法进行了综述（Xie et al., 2020），感兴趣的读者或研究人员可以选择进行更深入的学习和进一步探索。

值得一提的是，TWAS 分析框架也得到了广泛而深入的拓展，如表观组关联分析（epigenome-wide association study）（Campagna et al., 2021）、全蛋白组关联分析（proteome-wide association study）（Brandes, Linial, and Linial, 2020）、代谢组关联分析（metabolome-wide association study）（Rodriguez-Martinez et al., 2018）等。这些分析提供了不同组学丰富的概括统计量，为广大研究人员后续开展复杂疾病的遗传机制研究和遗传风险预测提供了有力的数据支撑。

总之，TWAS 通过整合 eQTL 和 GWAS 数据，把 SNP 水平的结果整合到基因水平，减少了多重检验负担，对 GWAS 结果提供了更直观的生物解释。尽管 TWAS 方法值得进一步研究，例如基因表达量预测模型的预测能力有限或者如何将一个人群中训练得到的基因表达预测模型更好地应用在其他人群中，但 TWAS 分析框架提供了基因表达水平预测值，这引起了我们的关注和研究兴趣。本书中，我们将提出一些整合基因表达水平预测值的统计方法，预期为疾病的遗传风险预测提供有价值的指导。尤其是在个体水平的组学数据不可获得时，本研究的指导意义将更加突出。

1.2 研究现状与趋势

遗传机制分析和遗传风险预测对于理解复杂疾病的发生、治疗乃至预防意义重大。作为复杂疾病遗传学研究中的两大重要方向，遗传机制分析和遗传风险预测一直是研究人员关心的热点问题。如何对高维度、复杂相关性的组学数据建立统计模型和算法，使之既符合遗传学原理，又在计算上可行，从而提取到有价值的信息是难点所在。

复杂组学数据的整合分析是当前统计学和计算生物学的热点和前沿。近年来，国内外学者对两个重要问题进行了广泛深入的研究。接下来，我们主要回顾梳理两个方面：基于 eQTL 的遗传机制分析和基于 PRS 的遗传风险预测；重点关注这两个方向涉及的统计问题、方法，聚焦最新研究进展，讨论其存在的局限性以及亟待解决的问题。由于本书中讨论的第三个问题和遗传机制分析、遗传风险预测的联系相对较弱，我们在绪论中暂不作相关介绍，在第 4 章再进行全面、系统的研究背景介绍与文献梳理。

1.2.1 遗传机制分析

GWAS 得到了大量与性状相关的 SNP，但这些 SNP 大部分位于基因非编码区，这就使得我们很难知道是哪些基因受到了影响、影响的具体机制是什么，因此也就无法理解 SNP 是如何影响性状的。基因表达水平作为从基因型到表现型的中间桥梁，识别 eQTL 能够帮助我们清楚哪些基因是受 SNP 影响的，让我们更好地了解基因调控机制，从而为认识疾病的遗传调控机制提供有价值的参考。

eQTL 分析是一类特殊的 GWAS，即关心的性状是基因表达水平，这意味着 GWAS 中的线性回归模型可用来识别 eQTL。值得注意的是，我们需要对基因表达数据进行标准化处理，从而保证不同个体的数据具有可比性。此外，考虑到基因表达测量受到多种复杂的非遗传因素的影响，如细胞状态、实验条件等，我们也需要对此进行校正。Stegle 等（2010）提出了一种贝叶斯框架估计实验批次效应等隐藏因素，对基因表达水平进行调整，增加了 eQTL 识别的统计功效。Matrix eQTL 被广泛用来识别 eQTL，其通过把数据切分成大矩阵、利用大矩阵运算表示相关性节约了计算时间；该计算工具支持基于最小二乘法的可加线性回归模型，也支持基因型数据为分类变量的方差分析，最后输出 cis-eQTL 和 trans-eQTL 的 p 值以及相应的错误发现率（false discovery rate，FDR）（Benjamini and Hochberg，1995；Shabalin，2012）。

此外，混合模型在 eQTL 分析中也有广泛的应用。该方法通过包括随机多基因效应来控制人群分层（population stratification），提高了 eQTL 识别的准确性，也可能有助于减少混杂因素（confounding factor）引起的假信号（Lee，2018）。混合模型也可将多基因方差（polygenic variance）按一定的子集进行划分，如将多基因方差根据感兴趣基因近端和远端的 SNP 进行划分，来推断 cis-eQTL 和 trans-eQTL（Lee，2018）。Lee（2019）综述了 eQTL 分析中在混合模型下利用吉布斯抽样进行贝叶斯推断的优势：相比于频率学方法，贝叶斯估计是最优线性无偏估计；贝叶斯分析能够得到一个参数的后验概率分布，据此可以直接进行相应的统计推断；贝叶斯分析对样本量的需求比频率学方法小。然而，贝叶斯方法在使用时会存在计算时间的挑战，尤其在 eQTL 分析中涉及大量的多重检验，这时可以对基因和 SNP 进行过滤或者通过并行计算提高效率。

考虑到 SNP 之间复杂的 LD 结构以及基因之间复杂的调控网络，基于单个 SNP 的 eQTL 分析方法会忽略先验的调控关系、多个 SNP 对同一个基因的联合效应或者多个 SNP 对多个基因的影响，但不利于识别效应较小的 eQTL，尤其是 trans-eQTL。Chen 等（2012）提出一种两图指导的多任务 Lasso 方法来推断组 eQTL 图谱，但该方法需要 SNP 和基因分组的先验信息，并且无法调整混杂因素影响。Cheng 等（2016）提出一种稀疏回归方法 geQTL，自动检测 eQTL 分析中的个体关联和组关联，该方法是基于两层特征选择策略和高效优化技术，适用于大规模的研究。另外，假设一个调控区域内的所有 SNP 共同决定转录因子的结合亲和力，进而影响靶基因的表达，Grassi 等（2017）首先根据结合位点内由每个核苷酸的频率组成的位置权重矩阵来表示转录因子的结合偏好；为考虑调控区域内多个 SNP 的影响，利用多个转录因子的位置权重矩阵来计算调控序列的总结合亲和力，其代表了转录因子结合特定 DNA 序列的可能性；最后，通过主成分回归评价调控区域的总结合亲和力与靶基因表达水平的相关性，该方法可以识别传统方法不能识别的 eQTL，也有助于解释通过转录因子结合的改变来引起基因表达的变化。Wheeler 等（2019）和 Li 等（2020）不再聚焦于单个 SNP 对基因的影响，而是同时考虑多个 SNP 的作用：首先利用 cis-SNP 预测遗传变异调控的基因表达水平，将其与 10Mb 以外或位于不同染色体上的基因的观测值进行关联分析，识别显著的反式调控关系。Banerjee 等（2021）对每个 SNP 与所有基因进行 L2 正则化的逆回归，该方法整合了许多小的反式效应（trans-effect），同时也减少了基因之间强相关的影响，并结合 k 近邻方法消除混杂因素，提高了识别 trans-eQTL 的统计功效。

近年来，GTEx 数据库收集了多个组织的基因型和基因表达数据，为识别组织特异性和共享的 eQTL 提供了有力的数据支撑（GTEx Consortium，2020）。不同组织之间存在共享的 eQTL 也意味着包含多组织的信息将可能有助于提高单组织中 eQTL 识别的功效。与此相应地，多组织 eQTL 识别的方法和技术也得到了创新和发展，相比传统 eQTL 分析提高了统计功效：Petretto 等（2010）提出一种稀疏贝叶斯多组织回归模型，并结合进化随机搜索算法，实现了 eQTL 识别功效的提高。Flutre 等（2013）将 SNP 在一个组织中是否为 eQTL 转换成 1 和 0，这样多个组织就对应一系列可供选择的配置，计算得到每个可能配置的贝叶斯因子。通过对不同配置贝叶斯因子的平均识别至少在一个组织中具有 eQTL 的基因，通过比较不同配置的贝叶斯因子识别具有 eQTL 的组织。Sul 等（2013）利用混合模型控制不同组织之间基因的相关性，并结合固定效应、随机效应荟萃分析解决 eQTL 效应在多组织中的异质性问题。有一些研究在层次贝叶斯框架下，利用经验贝叶斯的方法进行统计推断，识别组织共有和特有的 eQTL（Li et al.，2018a；Li et al.，2018b）。Hore 等（2016）将多组织的基因表达数据转换为一个三维的张量，提出稀疏张量分解的方法计算得到个体、基因、组织层面的成分得分；基于此，首先将 SNP 与个体得分进行 GWAS 研究来识别信号，再将信号与得分高的基因进行关联分析，从而减少多重检验负担，以更高的统计功效识别 trans-eQTL。

由于跨种族 GWAS 分析通过考虑种族之间 LD 和等位基因频率的异质性，提高识别风险位点的功效并有助于因果变异的精细定位（Morris，2011），因此 Wen、Luca 和 Pique-Regi（2015）提出了一种贝叶斯多个 SNP 分析框架；将一个 SNP 是否为跨种族的 eQTL 记作 1 和 0，p 个 SNP 就对应 2^p 种不同的配置，计算每种配置的后验概率分布，对其求边际分布，据此就可以评价每一个 SNP 的重要性，也可以计算独立的 cis-eQTL 的期望数目。相比于单个 SNP 荟萃分析和条件逐步回归荟萃分析，贝叶斯多个

SNP 分析方法可以更高效地识别跨种族效应相同的 cis-eQTL，并发现功能注释信息（如转录因子）有助于 cis-eQTL 的精细定位。

总体来看，eQTL 分析方法得到了一定的发展和创新。然而，我们进一步思考发现，相比 cis-eQTL，trans-eQTL 的识别更具挑战性，主要原因是需要检验更多的 SNP-基因对。为实现同等的检验功效，trans-eQTL 的识别往往需要有更大的样本量或更大的效应。不过，trans-eQTL 的效应往往比 cis-eQTL 的弱（Pierce et al., 2014）。此外，trans-eQTL 背后的生物机制是怎么样的？这一问题对于更深入理解基因的调控机制以及疾病的发生机制很重要。因此，本书将关注如何开发有效的统计方法提高 trans-eQTL 的识别功效和理解 trans-eQTL 的调控机制。

1.2.2 遗传风险预测

近年来，GWAS 识别了成千上万的遗传变异位点，这些丰富的数据揭示了新的致病原理，同时为复杂疾病的遗传风险预测奠定了数据基础，促进了精准医学的发展。基于 GWAS 进行风险预测的一种广泛使用的经典方法为多基因风险评分（Polygenic Risk Score，PRS），即风险等位基因数目的加权求和，权重为 GWAS 中的风险遗传位点对性状的效应（Dudbridge，2013）。Choi，Mak 和 O'Reilly（2020）综述了构建 PRS 时的质量控制、如何计算 PRS，以及如何解释并展示 PRS 的结果等注意事项，为 PRS 领域的研究人员提供了实践建议。我们这里主要围绕计算 PRS 不同方法的文献进行系统的梳理与讨论。

传统的 PRS 方法（P+T 方法）分为两步：第一步是"剪枝（pruning）"，即如果两个 SNP 之间的 LD 超过给定阈值，则从中随机删除一个；第二步是"取阈值（thresholding）"，从余下的 SNP 中保留与目标表型关联显著性超过给定阈值的 SNP，用于 PRS 的计算。由于事先无法知道最优的 LD 阈值和显著性阈值，因此往往需要设置一系列阈值计算 PRS。这种方法是利用 GWAS 估计的 SNP 的边际效应，忽略了潜在有用的信息

（如没有考虑 SNP 之间的相关性），这可能影响 PRS 的预测能力。在 PRS 计算中，有两个重要的问题需要考虑：SNP 的高维性，即如何选择包含哪些 SNP；SNP 之间复杂的 LD 结构，即如何调整 GWAS 中估计的边际效应。

近年来，关于变量选择和压缩估计的高维数据统计分析方法在 PRS 计算中得到广泛的应用。一些方法对 SNP 的边际效应应用 spike 和 slab 先验：LDpred 和 LDpred2 根据参考数据估计 SNP 的 LD 信息，借助贝叶斯方法估计 SNP 的后验期望效应（Vilhjálmsson et al., 2015；Privé, Arbel, and Vilhjálmsson, 2020）；EB-PRS 利用经验贝叶斯的方法将贝叶斯风险最小化，估计后验期望效应（Song et al., 2020）。Mak 等（2016）提出一种半贝叶斯方法，对 SNP 的边际效应进行加权，权重来自 GWAS 概括统计量估计的局部真实发现率。So 和 Sham（2017）提出一种经验贝叶斯方法，首先对 SNP 的效应利用特维斯公式进行调整，然后进行加权，权重来自 Mak 等（2016）。一些研究利用高维回归分析技术估计 SNP 的联合效应，对线性回归系数应用不同的惩罚项：LASSO 和弹性网络（Mak et al., 2017）、截断 Lasso 惩罚项（Pattee and Pan, 2020）、L1 和 L2 联合惩罚项（Pattee and Pan, 2020）和 L1 惩罚项（Chen et al., 2021）。此外，贝叶斯高维回归分析通过应用不同先验分布刻画复杂疾病的多基因结构。Zhu 和 Stephens（2017）提出 RSS（Regression with Summary Statistics）方法，将多元回归系数与单变量回归系数联合起来，并应用两个正态混合分布作为先验，来估计后验分布。RSS 方法计算似然时考虑了 SNP 之间的 LD 信息，采用 LD 矩阵压缩估计将矩阵的非对角元素压缩至 0。Lloyd-Jones 等（2019）建立基于概括统计量的贝叶斯多元回归模型 SBayesR，应用灵活的有限正态混合分布作为先验，进行后验分布估计，这里 SBayesR 计算似然时也采用了 LD 矩阵压缩估计）。Ge 等（2019）提出 PRS-CS 方法：在高维贝叶斯框架下对 SNP 的效应采用连续压缩先验，该方法对不同的遗传结构具有鲁棒性，并且允许效应量的分块迭代，刻画了局部 LD 信息。JAMpred 基于贝叶斯变量选择框架，提供了一种兼顾局部 LD 以及远距离 LD 的方法，其表现与 LDpred、lassosum 类似（Newcombe et al., 2019）。Song、Hou 和 Liu

（2022）提出一个统一的贝叶斯回归框架 NeuPred，允许自由的先验选择，相比 LDpred、RSS、SBayesR、PRS-CS 等方法提高了预测能力。

此外，一些研究通过整合 SNP 的功能注释信息进行 SNP 的选择和 PRS 权重的调整。Shi 等（2016）根据功能信息（如 eQTL），将 SNP 分为高先验和低先验两类，采用不同阈值进行 SNP 的选择。AnnoPred 整合了多种基因组、表观遗传学的功能注释信息，首先估计 GWAS 信号在不同功能注释类别中的富集程度；然后基于功能注释类别和 GWAS 信号富集分析结果，对 SNP 效应给定一个先验，即当 SNP 属于 GWAS 信号富集的功能注释类别时，先验效应大；最后在贝叶斯框架中，结合先验信息和参考数据集中估计的 LD 信息，推断每个 SNP 的后验效应（Hu et al., 2017b）。PleioPred、SMTpred、MATG 和 CTPR 利用多个性状之间的遗传相关性进行权重的调整（Hu et al., 2017a；Maier et al., 2018；Turley et al., 2018；Chung et al., 2019）。Krapohl 等（2018）利用多个 GAWS 数据构建多个 PRS 提高预测表现。Albiñana 等（2023）利用公开可获得的 GWAS 数据构建 937 个 PRS 提高风险预测能力，该研究中不用人为选取最相关的 GWAS。基于 GWAS 的跨种族分析，一些研究通过把跨种族信息与特定种族信息相结合来提高遗传风险预测能力（Coram et al., 2017；Márquez-Luna et al., 2017；Grinde et al., 2019）。

总的来看，PRS 方法基本上依赖基因组信息，尽管有一部分方法考虑了功能注释信息来调整 PRS 的权重。因为 GWAS 中遗传变异能解释的遗传度有限（Dudbridge, 2013；Choi, Mak, and O'Reilly, 2020），所以据此构造的 PRS 对复杂疾病遗传风险的预测能力整体上也有限（Witte, Visscher, and Wray, 2014；Chatterjee, Shi, and García-Closas, 2016）。例如，克罗恩病的遗传度为 70%～80%，GWAS 中与疾病相关的 SNP 只解释了 26%（Chen et al., 2014）；基于中国人群中 9 种常见癌症的 GWAS 数据的遗传度估计，发现基因组常见变异所能解释的遗传度基本上在 10%～20%（Dai et al., 2017）。近年来，随着高通量技术的快速发展，多组学数据在生物学以及临床研究中被越来越广泛地应用（Ritchie et al., 2015）。考虑到复杂疾病的分子复杂性体现在基因组、表观基因组、转录组、蛋白组等不同层面，我们关心的是多组学数据是否有助于复杂疾病的遗传风险预测，以及如何提出一些有效的统计方法整合复杂的组学数据用于遗传风险预测。尤其当个体水平的多组学数据不可获得时，对组学数据预测值的统计方法研究将对复杂疾病遗传风险预测具有重要的理论意义和潜在应用价值。

1.3　本书框架与内容

本书主要内容是面向复杂组学数据的统计方法和应用，第一个工作整合 SNP、基因表达的信息，第二个工作整合 eQTL 和 GWAS 的信息，第三个工作整合 tRNA 衍生片段与 T 细胞活化的信息。我们对复杂疾病的多组学数据进行统计建模和计算，预期为理解复杂疾病的发生机制以及遗传风险预测提供理论价值和实际应用价值。本书结构安排如下。

第 1 章主要介绍背景及意义，并介绍本书使用的一些概念及研究现状，然后梳理相关领域文献研究的进展与最新动态，分析现有研究方法中的优势以及可能存在的不足，最后提出本书关注的主要问题。

第 2 章提出一种识别 trans-eQTL 的多重中介分析方法，旨在增加 trans-eQTL 的识别功效与可解释性，从而为理解基因调控以及疾病遗传机制提供参考。在多重中介模型中，我们定义两种效应（总中介效应和分量中介效应）来刻画 trans-eQTL 通过多个中介变量进行基因调控的复杂关系，将 trans-eQTL 识别问题转换为两个假设检验问题，并给出统计推断方法。由于基因之间的相关性，传统的单一中介模型可能存在模型误定。我们在模拟数据中评价模型误定对假设检验第 I 类错误和统计功效的影响，并在一系列实际数据中讨论我们提出方法的优越性。

第 3 章提出一种新型灵活的转录风险评分，即基因表达预测值的加权求和，旨在提高复杂疾病的遗传风险预测能力，这对精准医学研究和临床应用有重大的转化价值。经典的 PRS 方法基本上依赖基因组信息，预测能力有限。我们建立了基于线性模型的参数估计方法，给出转录风险评分的解析式，有效整合了参考人群的 eQTL 数据和疾病人群的 GWAS 数据。由于现有方法只评估了少数组织中基因的作用，因此可能存在选择偏差。我们在模拟数据中评估了转录风险评分在不同程度组织特异性情形中的表现，同时也在多个实际数据中比较了不同方法的表现。

第 4 章通过对乳腺癌患者多组学数据的挖掘，旨在为乳腺癌的治疗提供参考。基于 1 081 例乳腺癌患者的临床数据、基因表达数据、T 细胞活化评分、tRNA 衍生片段表达数据，我们利用 Kaplan–Meier 生存分析和多变量 Cox 回归模型评估了 tRNA 衍生片段表达与 T 细胞活化间的交互作用对乳腺癌患者生存的影响。同时，我们用斯皮尔曼相关分析和加权基因共表达网络分析方法识别与 tRNA 衍生片段表达相关的基因和通路。最后，我们推断了乳腺癌患者中 tRNA 衍生片段潜在的分子作用机制。

第 5 章对研究工作进行总结，并讨论未来研究的方向。

第 2 章　基于多重中介模型识别
反式-表达数量性状位点

2.1　引言

eQTL 对理解基因调控具有重要的意义，尤其是 trans-eQTL。但是相比 cis-eQTL，trans-eQTL 的识别更具挑战性。一些研究人员提出改进 trans-eQTL 识别的方法，例如通过荟萃分析增加样本量（Westra et al., 2013）；根据基因表达数据之间的偏相关关系过滤基因，从而降低多重检验负担来增加功效（Weiser, Mukherjee, and Furey, 2014）；构建或筛选变量调整未测量的混杂因素减少假相关的识别（Stegle et al., 2010；Rakitsch and Stegle, 2016；Yang et al., 2017）。此外，关于 trans-eQTL 如何影响远处基因的表达，其中的生物机制尚不清楚。已有研究表明，相比随机选择的 SNP，trans-eQTL 更可能是 cis-eQTL（Westra et al., 2013；Pierce et al., 2014）。这一现象就意味着 trans-eQTL 可能通过影响顺式基因（cis-gene）的表达进而调节反式基因（trans-gene）的表达。这一调控机制也进一步说明了识别介导的（mediated）trans-eQTL 将有助于我们更好地理解基因调控机制以及疾病的发生机制，同时也为潜在的药物干预提供了线索。

近年来，中介效应模型逐渐成为研究 trans-eQTL 作用机制的流行工具（Pierce et al., 2014；Yang et al., 2017；Yao et al., 2017），但这些研究通常假设只有一个中介变量。然而，由于基因调控关系的复杂性，基因之间往往不是独立的。基因之间的相关性很可能违背单一中介效应模型的假设，例如其他 cis-gene 也影响 trans-gene 表达。我们发现多重中介效应模型曾被成功应用于基因组学（Zhao, Cai, and Li, 2014；Huang et al., 2015；Huang and Pan, 2016）、表观遗传学（Zhang et al., 2016）和流行病学研究（Huang and Yang, 2017b）。

综上所述，目前 trans-eQTL 识别存在两大问题亟待解决：识别功效低和生物机制不清晰。通过对 GTEx 数据的分析，我们发现，相比随机选择的 SNP，trans-eQTL 更可能和多个 cis-gene 相关。从理论上分析（见2.2.3节），多重中介模型也比单一中介模型更容易满足模型的假设。因此，我们预期多重中介模型会在 trans-eQTL 的研究上具有良好的表现。

本章我们将在单一中介模型的基础上，将相应的模型和算法推广到多重中介模型，将 eQTL 识别问题转换为假设检验问题，并给出统计推断方法（Shan, Wang, and Hou, 2019）。我们将通过模拟数据来说明多重中介模型的优良性质，同时也在实际数据中比较我们的方法和现有方法的表现。

2.2 中介模型

中介模型不仅可以研究变量之间是否存在相关关系，更能帮助理解相关关系发生的作用机制。本节将分别介绍单一中介模型和多重中介模型的分析框架，最后给出关于模型假设的讨论。

2.2.1 单一中介模型

近年来，单一中介模型被用来识别介导的 trans-eQTL（Pierce et al., 2014；Yang et al., 2017；Yao et al., 2017）。在建立模型前，需要首先确定由一个 SNP、一个 cis-gene 和一个 trans-gene 组成的候选三元组（见图 2-1）。筛选准则具体如下：①选择 p 值小于 10^{-6} 的 SNP-trans-gene 对，这一步骤是为了减少多重检验负担（Yang et al., 2017）；②与第一步得到的 SNP 相关性满足错误发现率（False Discovery Rate, FDR）小于 0.05 的

cis-gene 被用来作为候选顺式中介变量（cis-mediator）。如果是多个 cis-gene，则分别建立单一中介模型。

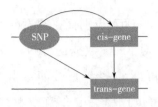

图 2-1　单个 cis-gene 介导的 trans-eQTL

在后续所有分析中，我们假设基因表达水平经过了预处理，近似服从正态分布。基于候选三元组，我们建立单一中介模型。对于第 i 个个体，X_i 是根据次等位基因数目编码的基因型，M_i 是 cis-gene 的表达水平，Y_i 是 trans-gene 的表达水平，$C_i = (C_{i1}, \cdots, C_{iq})^T$ 是 q 个协变量。单一中介模型设定如下。

$$Y_i = \beta_0 + X_i\beta_X + M_i^T\beta_M + C_i^T\boldsymbol{\beta}_C + \varepsilon_{Y_i} \tag{2-1}$$

$$M_i = \alpha_0 + X_i\alpha_X + C_i^T\boldsymbol{\alpha}_C + \varepsilon_{M_i} \tag{2-2}$$

其中 β_M 是调整 SNP 和协变量后 cis-gene 对 trans-gene 的效应，α_X 是调整协变量后 SNP 对 cis-gene 的效应，$\varepsilon_{Y_i} \sim N(0, \sigma^2)$ 和 $\varepsilon_{M_i} \sim N(0, \sigma^2)$ 相互独立。定义单个中介变量的中介效应（single mediation effect, SME）为 $\delta = \alpha_X\beta_M$，单个 cis-gene 介导的 trans-eQTL 识别问题就转换为关于 SME 的假设检验问题。

$$H_0 : \delta = 0 \text{ v. s. } H_1 : \delta \neq 0 \tag{2-3}$$

对于单一中介模型，我们根据百分位 Bootstrap 法评估 SME 的显著性，详细介绍见 2.2.2 节。

2.2.2　多重中介模型

为更有效地识别介导的 trans-eQTL，我们建立了多重中介模型（见图 2-2）。首先需要确定由一个 SNP、多个 cis-gene 和 trans-gene 组成的候选三元组。筛选准则参考单一中介模型，分为两步：①选择 p 值小于 10^{-6} 的 SNP trans-gene 对，这一步骤是为了减少多重检验负担（Yang et al., 2017）；②与第一步得到的 SNP 相关性满足 FDR 小于 0.05 的 cis-gene 被用作候选顺式中介变量。值得注意的是，如果多个 cis-gene 的 FDR 小于 0.05，则全部作为候选中介变量。

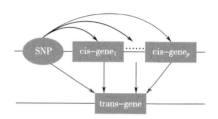

图 2-2 多个 cis-gene 介导的 trans-eQTL

针对多个 cis-gene 的中介效应分析，我们建立以下模型。对于第 i 个个体，X_i 是根据次等位基因数目编码的基因型，Y_i 是 trans-gene 的表达水平，$M_i = (M_{i1}, \cdots, M_{ip})^T$ 是 p 个 cis-gene 的表达水平，$C_i = (C_{i1}, \cdots, C_{iq})^T$ 是 q 个协变量。多重中介模型设定如下。

$$Y_i = \beta_0 + X_i\beta_X + \boldsymbol{M}_i^T\boldsymbol{\beta}_M + \boldsymbol{C}_i^T\boldsymbol{\beta}_C + \varepsilon_{Y_i} \tag{2-4}$$

$$M_{ij} = \alpha_{0j} + X_i\alpha_{Xj} + \boldsymbol{C}_i^T\boldsymbol{\alpha}_{Cj} + \varepsilon_{M_{ij}} \tag{2-5}$$

其中 $\boldsymbol{\beta}_M = (\beta_{M_1}, \cdots, \beta_{M_p})^T$ 是调整 SNP 和协变量后 p 个 cis-gene 对 trans-gene 的效应，$\boldsymbol{\alpha}_X = (\alpha_{X1}, \cdots, \alpha_{Xp})^T$ 是调整协变量后 SNP 对 p 个 cis-gene 的效应。ε_{Y_i} 和 $\varepsilon_{M_{ij}}$ 是基因表达水平的测量误差。这里，我们假设 $\varepsilon_{Y_i} \sim N(0, \sigma^2)$，$\varepsilon_{M_i} = (\varepsilon_{M_{i1}}, \cdots, \varepsilon_{M_{ip}})^T \sim N_p(\boldsymbol{0}, \boldsymbol{\Sigma})$，$\varepsilon_{Y_i}$ 和 $\varepsilon_{M_{ij}}$ 相互独立。我们允许 p 个 cis-gene 之间具有相关性，例如协方差矩阵 $\boldsymbol{\Sigma}$ 的非对角线元素不为 0（Huang and Pan, 2016），这个假设也是与实际数据中基因表达水平之间往往存在相关性一致的。

相比单一中介模型，多重中介模型的多个 cis-gene 增加了识别 trans-eQTL 的复杂度，这主要是因为 SNP 通过每一个 cis-gene 的中介效应可能有正有负。为综合考虑多个 cis-gene 的作用，我们定义两种中介效应来刻画 trans - eQTL 不同的基因调控机制。定义总中介效应（total mediation effect, TME）为 $\Delta = \boldsymbol{\alpha}_X^T \boldsymbol{\beta}_M$，分量中介效应（component - wise mediation effects, CME）为 $\boldsymbol{\delta} = (\delta_1, \cdots, \delta_p)^T$，其中 $\delta_j = \alpha_{Xj} \beta_{M_j}$（Huang and Pan, 2016）。因此，我们关心的多个 cis-gene 介导的 trans-eQTL 的识别问题就转换为 TME 和 CME 的假设检验问题。

$$H_0: \Delta = 0 \text{ v. s. } H_1: \Delta \neq 0 \tag{2-6}$$

$$H_0: \boldsymbol{\delta} = \mathbf{0} \text{ v. s. } H_0: \boldsymbol{\delta} \neq \mathbf{0} \tag{2-7}$$

注意，相比式 2-7，式 2-6 是一个更广的零空间。例如，当式 2-7 的每个分量 δ_j 不为 0 但分量的和为 0 时，TME 等于 0 而 CME 不为 0。因此，当存在效应抵消时，例如一个 SNP 通过一个 cis-gene 具有正向中介效应，通过另一个 cis-gene 具有负向中介效应，CME 的检验预期比 TME 的检验功效更高，我们也更感兴趣对 CME 的检验。这里，我们利用 Bootstrap 法评价中介效应的显著性。与单一中介模型进行比较时，对于包含多个 cis-gene 的三元组，采用单一中介模型分别计算中介效应，当至少一个 SME 显著时，就认为三元组的中介效应是显著的。

关于 Bootstrap 法评价中介效应的显著性，为提高效率，我们设计两步计算 Bootstrap p 值：第一步是设置一个简单的 Bootstrap 程序 B = 10000，构建 TME 的 95% 置信区间、CME 的 95% Bonferroni 同时置信区间以及 SME 的 95% Bonferroni 同时置信区间，从而评估在 0.05 显著性水平下中介效应是否显著。如果不显著，停止；否则，进行第二步。第二步是根据 B = 1000000 计算相应的置信区间，找到 0 不在置信区间的临界值，具体分为两步：①设置 6 个临界水平 {0.05, 0.01, 0.001, 0.0001, 0.00001, 0.000001}，判断临界值所在的区间。如果临界值大于 0.05，返回 p 值大于 0.05；如果临界值小于 0.000001，返回 p 值小于 0.000001；如果临界值位于两个临界水平之间，则进行下一步。②在上述两个临界水平之间等距取 20 个临界水平（包含上述两个临界水平，20 的选取是基于主观经验），再判断临界值所在的区间，返回区间的右端点作为 Bootstrap p 值。TME 检验的 p 值小于 0.05 时，认为 TME 显著；CME 检验中最小的 p 值小于

0.05/p 时，认为 CME 显著；SME 检验中最小的 p 值小于 0.05/p 时，则认为 SME 显著。如果 3 种假设检验的 p 值部分大于 0.05，我们也采用类似第二步的策略计算相应的 Bootstrap p 值。

注意，我们选择百分位 Bootstrap 置信区间评价，而不是偏差修正的 Bootstrap 置信区间。在样本量较小时，前者对第一类错误的控制更为准确（Fritz, Taylor, and MacKinnon, 2012）。另外，中介效应的参数检验方法，如 Sobel 检验（Sobel, 1982），对第一类错误的控制往往依赖正态性假设，而这一假设在生物学问题中通常不成立。Sobel 检验太保守，即对任意给定样本量，第一类错误控制通常小于给定显著性水平（Liu et al., 2022）。因此，我们对中介效应的检验没有采用 Sobel 检验，尽管 Sobel 检验可利用检验统计量与标准正态分布作比较直接计算出统计显著性。考虑到 Bootstrap 效率相对较低，我们设计两步计算 Bootstrap p 值，从一定程度上提高了 Bootstrap 的效率。

2.2.3　中介模型的模型假设

在中介模型中一般有 4 个基本假设，具体而言：①自变量和因变量之间没有未观测混杂因素；②给定自变量，中介变量和因变量之间没有未观测的混杂因素；③自变量和中介变量之间没有未观测的混杂因素；④中介变量和因变量之间没有未观测的由自变量引起的混杂因素（Vanderweele, 2010）。

如果自变量是随机化的，则假设①和③往往会自动满足（Cox et al., 2013）。在本章中，我们考虑的自变量是基因型，一般可以视为满足随机化，也就是说假设①和③基本成立。现有研究表明，模型中包含多个中介变量时，更容易满足假设④（Vanderweele and Vansteelandt, 2014）。与此类似的，模型中包含多个中介变量时，假设②更容易成立，这主要是因为与同一个 SNP 相关的多个 cis-gene 往往存在相关性。这表明，对于识别介导的 trans-eQTL，多重中介模型从理论上比单一中介模型更稳健。

2.3 模拟数据分析

本节主要介绍模拟数据在不同情形下的参数设置，并分析数据模拟的结果。

2.3.1 模拟数据设置

我们利用模拟数据评估模型误定对第一类错误（Type I error）和统计功效（Power）的影响。具体而言，我们考虑 3 种模型误定情形。第一种情形是真实模型只包含一个中介变量，但分析时模型中包含了真实的中介变量和一个无关变量作为中介变量；第二种情形是真实模型包含两个中介变量并且两个分量中介效应的方向相同；第三种情形是真实模型包含两个中介变量并且两个分量中介效应的方向相反。我们分别评估 3 种情形下 TME、CME 和 SME 的表现。这里，我们考虑 100 和 300 两个样本量来模拟实际数据中的单种群分析和组合分析。

第一种情形：SNP 的 MAF 设置为 0.3。对于式 2-5 中的顺式调节效应，α_{X1} 取值为 0.2、0.4、0.6、0.8 和 1，α_{X2} 取值为 0.6。$\alpha_{01} = \alpha_{02} = \beta_0 = 0.5$，$\beta_{M_2} = 0$，$\beta_X = 0.3$。对于 ε_M，假设一个对称协方差结构，方差为 1，相关系数为 0.2。ε_Y 服从标准正态分布。在评估第一类错误和功效时，我们分别设置 $\beta_{M_1} = 0$ 和 $\beta_{M_1} = 0.1$。这里参数设置是模拟了真实数据中的效应。

第二种情形：我们设置 $\beta_{M_2} = 0$ 和 $\beta_{M_2} = 0.1$ 比较第一类错误和功效，其他的参数设置同第一种情形。

第三种情形：我们设置 $\beta_{M_2} = 0$ 和 $\beta_{M_2} = -0.1$ 比较第一类错误和功效，其他的参数设置同第一种情形。

2.3.2 模拟数据结果

本节我们讨论 3 种模型误定对 trans-eQTL 识别中第一类错误和功效的

影响。在第一种情形下，如图 2-3（a）所示，第一类错误没有显著地偏离名义显著性水平 0.05，即使当不相关变量被错误纳入模型中，第一类错误也基本被控制，并且 3 种假设检验的结果基本一致。就检验功效而言，正如我们的预期，SME 检验（真实模型）实现最高的功效，而 TME 和 CME 检验由于错误引入一个无关变量作为中介变量导致功效损失，如图 2-4（a）所示。我们也注意到随着真实中介变量的中介效应增加，TME 和 SME 之间的功效差距将会减小。在识别介导的 trans–eQTL 问题中，我们需要先选择三元组进行中介效应检验，不能保证没有错误引入无关中介变量。然而，正如数据模拟结果所示，我们提出的方法通过牺牲一部分功效，基本控制了第一类错误。

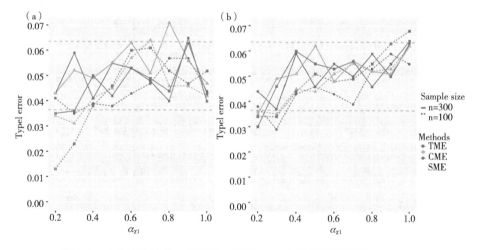

图 2-3　3 种检验的第一类错误，基于 1000 次重复实验得到，$\alpha = 0.05$

（a）为第一种情形，（b）为第二、三种情形

两条水平灰色虚线代表 95% 置信区间（0.0365~0.0635）

在第二、三种情形下，原假设相同，因此对第一类错误的评估是相同的，如图 2-3（b）所示。我们注意到当一个或两个中介变量被纳入模型时，第一类错误都基本得到控制。就功效而言，如图 2-4（b）和（c）所示，当两个分量中介效应方向相同时，TME 检验比 CME 检验更有效；当

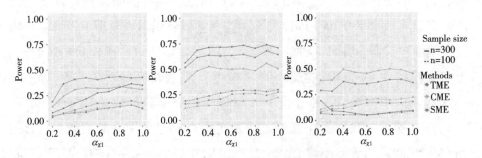

图2-4 3种检验的统计功效，基于1000次重复实验得到，$\alpha = 0.05$

（a）为第一种情形，（b）为第二种情形，（c）为第三种情形

两个分量中介效应方向相反时，CME 检验比 TME 检验更有效。SME 检验由于模型遗漏了一个中介变量而导致功效损失，功效介于 TME 检验和 CME 检验之间。注意，对于 SME 检验，我们对两个中介变量分别进行检验，其中一个中介效应显著就意味着三元组之间的中介效应显著。我们这里的结果和现有研究关于中介效应方向的分析论述一致（Huang and Pan，2016）。注意到，随着样本量增加，相比 SME 检验，TME 检验或 CME 检验改进越明显。当两个分量中介效应方向相反时，如图2-4（c）所示，TME 检验功效呈现下降趋势直到 α_{X1} 等于 0.6，这时理论上总中介效应为 0。之后，TME 检验的功效随着 α_{X1} 的增加而增加，但是仍然不及 CME 和 SME 的功效表现，如图2-4（c）所示。在图2-4（c）中，随着样本量的增加，TME 检验功效的提升很小；当总中介效应非常接近 0 时，如 α_{X1} 等于 0.6，理论上 TME 等于 0。此时 TME 检验的功效实际上反映的是第一类错误，样本量增加，第一类错误应该控制更准确，即更接近给定的显著性水平 0.05。我们注意到，当 α_{X1} 等于 0.6 时，样本量从 100 增加至 300，TME 检验的功效从 0.46 变成 0.51，后者相对更接近 0.05。总之，当真实模型存在不止一个中介变量时，单一中介模型会引起检验功效损失，而假设检验最优的选择取决于中介效应的方向。

2.4　实际数据描述及预处理

2.4.1　数据描述

基因型和基因表达数据来自 HapMap3 中的 6 个人群，分别是肯尼亚韦布耶的 Luhya 人群（Luhya in Webuye，Kenya；LWK）、肯尼亚 Kinyawa 的 Maasai 人群（Maasai in Kinyawa，Kenya；MKK）、尼日利亚伊巴丹的约鲁巴人群（Yoruba in Ibadan，Nigeria；YRI）、美国犹他州的北欧和西欧后裔人群（Utah residents with Northern and Western European ancestry from the CEPH collection；CEU）、北京汉族人群（Han Chinese in Beijing，China；CHB）、日本东京人群（Japanese in Tokyo，Japan；JPT），每个人群中分别包括 83、135、107、107、79 和 81 个人（International HapMap 3 Consortium，2010）。非洲人群（LWK、MKK、YRI）遗传多样性有助于增加识别 eQTL 的功效（Brynedal et al.，2017）。因此，我们对非洲人群进行单种群分析和组合分析。由于北京汉族人群和日本东京人群的样本量均低于 100，因此我们把这两个人群合并为亚洲人群进行后续分析。基于 Illumina Human-6 v2 Expression BeadChip array 提供的预处理的基因表达数据集直接从 ArrayExpress 数据库获取（收录号为 E-MTAB-264 和 E-MTAB-198）。同时，我们从 GTEx 数据库下载了 v6p 版本的数据，包括不同组织中的 cis-eQTL 和 trans-eQTL 的整个列表（Battle et al.，2017）。

2.4.2　基因型数据预处理

对基因型数据质控时，我们去掉了每个人群中质量差的样本和 SNP。具体地，首先去掉了基因分型率小于 0.97 的样本；接着，只保留基因分型缺失率小于 0.08 和 MAF 大于 0.1 的 SNP；最后，去掉了不满足 HWE（即 p 值小于 10^{-5}）的 SNP。我们根据人类参考基因组 hg38 转换 SNP 的坐标。此外，一部分 SNP 之间存在完全 LD 或映射到相同的基因组位置。对于此情况，我们随机选择一个 SNP 用于后续分析。表 2-1 列出了质量控制前后的样本数量和 SNP 的数量。总的来说，非洲组合人群保留 740 158 个 SNP，亚洲组合人群保留了 540 684 个 SNP。

表 2-1　HapMap3 数据集中不同人群的样本量和质控前后的 SNP 数目

人群	样本量	质控前 SNP 数目	质控后 SNP 数目
LWK	83	1 533 540	953 834
MKK	135	1 541 375	989 807
YRI	107	1 505 108	943 161
LWK+MKK+YRI	325	NA[a]	740 158
CEU	107	1 416 121	787 357
CHB	79	1 332 120	675 811
JPT	81	1 300 764	643 419
CHB+JPT	160	NA	540 684

[a]NA：数据不可获得。

2.4.3　基因表达数据预处理

HapMap3 样本的基因表达数据包括 21 800 个探针，其中 20 439 个探针可映射到人类参考基因组。接着，我们去掉了映射到不止一个基因上或映射到非常染色体的探针，得到 19 832 个探针，对应 19 643 个基因。我们进行了分位数归一化以减少个体间的变化（Gentleman et al., 2004）。这里，我们进行中介分析是基于探针层面的数据，主要考虑到一个基因的多个探针代表基因的不同亚型，合并不同探针的数据可能造成信息损失。更重要的是，我们注意到在 HapMap3 数据中，映射到同一基因的不同探针之间是弱相关的。

2.4.4　基因表达数据中的人群分层和混杂因素

在单种群（LWK、MKK、YRI、CEU）分析中，我们借鉴现有文献做法来校正 LWK 和 MKK 中的人群混合因素（Stranger et al.，2012）。我们根据 EIGENSTRAT 程序（Price et al.，2006）处理基因型数据，选择前 10 个主成分作为协变量。在非洲组合人群和亚洲组合人群分析中，我们选择前 20 个主成分作为协变量。此外，我们使用 PEER 方法（Stegle et al.，2010）校正基因表达数据中的批次效应以及未观测到的混杂因素。参考 GTEx 分析过程，PEER 因子的数量由样本量的大小决定。具体而言，当样本量不足 150 时，选择 15 个因子；当样本量处于 150 和 250 之间时，选择 30 个因子；当样本量大于 250 时，选择 35 个因子（Battle et al.，2017）。在后续分析中，性别也作为一个协变量纳入模型中。

2.4.5　eQTL 分析

我们使用经典方法 Matrix eQTL（Shabalin，2012）进行 eQTL 分析。具体而言，相距一百万碱基之内的 SNP 和探针被检验是否存在顺式相关关系，而相距大于一百万碱基或位于不同染色体上的 SNP 和探针被检验是否存在反式相关关系。

2.4.6　富集分析

该研究的想法主要受启发于两个方面：trans–eQTL 倾向于是 cis–eQTL；在 GTEx 数据集中，trans–eQTL 往往和不止一个 cis–gene 存在相关关系。为检验后一现象富集于 trans–eQTL，我们比较了与不止一个 cis–gene 相关的 trans–eQTL 的占比和人类基因组中与不止一个 cis–gene 相关的 SNP 的占比。我们对 GTEx v6p 数据库公布的 trans–eQTL 以及 HamMap3 数据集中识别的 trans–eQTL 都进行了富集分析，置换检验（Permutation test）被用来评估富集分析的显著性。具体而言，对于 GTEx v6p 数据集中公布的 trans - eQTL，我们从千人基因组计划中（1000 Genomes Project Consortium，2012），基于 MAF 匹配原则随机选择同等数量的 SNP，并计算与多个 cis-gene 相关的 SNP 的占比。最后根据重抽样 1000 次的结果计算得到经验 p 值。注意，我们只利用 GTEx v6p 数据集中位于常染色体上 FDR<0.05 的 cis-eQTL 和 FDR<0.1 的 trans-eQTL。对于 HapMap3 数据集识别的 trans-eQTL，我们采用相同的检验策略。

为理解介导的 trans-eQTL 和疾病的关系，我们采用费希尔精确检验来评估与疾病相关的 SNP 是否在介导的 trans-eQTL 中富集。这里，与疾病相关的 SNP 从 GWAS Catalog 数据库中获得（Welter et al.，2014）。

2.5 实际数据分析结果

本节主要介绍 trans-eQTL 在 GTEx 和 HapMap3 中的富集分析结果，并比较和分析 3 种假设检验在不同实际数据中的表现。

2.5.1 富集分析结果

现有研究表明，相比随机选择的 SNP，trans-eQTL 更可能和 cis-gene 相关，这一现象奠定了中介分析在 trans-eQTL 研究中应用的基础。为证实多个中介变量的合理性，我们假设 trans-eQTL 倾向和不止一个 cis-gene 相关，并在 GTEx 数据库验证这一假设。通过富集分析发现，在 GTEx 数据库的 22 个组织中有 14 个组织，其 trans-eQTL 与两个或更多 cis-gene 显著相关，而且这些组织的样本量均大于 100（见表 2-2）。至于其他 8 个组织，有 4 个组织的样本量小于 100，有 5 个组织中反式相关关系不超过 3 个。与 GTEx 数据库的结果一致，我们也注意到 MKK、YRI、CEU 以及非洲组合人群和亚洲组合人群分析中，trans-eQTL 倾向与两个或更多 cis-gene 显著相关（见表 2-3）。唯一的例外是 LWK 人群，这可能是因为 LWK 人群的样本量为 83，相对较小，使得识别 cis-eQTL 和 trans-eQTL 的统计功效有限。综上所述，多个中介变量对 trans-eQTL 是普遍成立的。

表 2-2　GTEx 数据库中不同组织的富集分析结果

组织类型	样本量	cis-association (FDR<0.05)	trans-association (FDR<0.1)			p 值
			总数	1 个 cis-gene	>1 个 cis-gene	
Adipose subcutaneous	298	1 282 841	45	10	10	0.009
Adrenal gland	126	396 098	1	0	0	1
Artery aorta	197	853 794	288	2	243	<0.001
Artery tibial	256	1 210 709	12	3	1	0.156
Brain hypothalamus	81	150 415	2	0	0	1
Brain nucleus accumbens (basal ganglia)	93	244 929	2	0	0	1
Brain putamen (basal ganglia)	82	183 240	11	0	0	1
Cells transformed fibroblasts	272	1 283 340	658	19	376	<0.001
Colon transverse	169	581 854	18	0	6	0.006
Esophagus mucosa	241	1 089 061	980	122	145	<0.001
Esophagus muscularis	218	997 653	15	5	10	0.001
Heart left ventricle	190	605 253	3	3	0	1
Lung	278	1 068 860	98	0	8	0.041
Muscle skeletal	361	1 100 532	59	0	35	<0.001
Nerve tibial	256	1 454 889	30	10	1	0.288
Pancreas	149	515 665	283	0	244	<0.001
Prostate	87	177 994	1	0	0	1
Skin not sun-exposed (suprapubic)	196	722 868	11	0	6	0.004

续表

组织类型	样本量	cis-association (FDR<0.05)	trans-association (FDR<0.1)			p 值
			总数	1 个 cis-gene	>1 个 cis-gene	
Skin sun-exposed (lower leg)	302	1 306 762	64	13	25	<0.001
Testis	157	1 121 727	203	34	68	0.013
Thyroid	278	1 551 668	2120	230	1 390	<0.001
Whole blood	338	1 036 239	35	2	24	<0.001

表 2-3   HapMap3 数据集中的富集分析结果

人群	样本量	cis-association (FDR<0.05)	trans-association (FDR<0.1)			p 值
			总数	1 个 cis-gene	>1 个 cis-gene	
LWK	83	6 838	7	1	0	1
MKK	135	17 889	46	6	3	<0.001
YRI	107	18 239	51	18	10	<0.001
LWK+MKK+YRI	325	56 437	192	35	64	<0.001
CEU	107	26 506	210	18	60	<0.001
CHB+JPT	160	42 953	135	56	29	<0.001

2.5.2   trans-eQTL 分析结果

我们将 3 种中介效应检验方法应用到 HapMap3 数据集的 LWK、MKK、YRI、CEU 以及非洲组合人群和亚洲组合人群分析中（见附录 A；全部分析结果可以参考 https://bmcbioinformatics.biomedcentral.com/articles/10.1186/s12859-019-2651-6#Sec19），并统计了每个人群中显著介导的 trans-eQTL（见表 2-4）。

表 2-4　HapMap3 数据中显著介导的 trans-eQTL

人群	样本量	cis-mediator 数目	候选三元 组数目	p 值小于 0.05 的三元组			
				TME	CME	TME+CME	SME
LWK	83	1	139	NA[a]	NA	NA	8
		2	26	5	3	5	4
MKK	135	1	426	NA	NA	NA	54
		2	32	4	6	6	7
		4	2	0	0	0	0
YRI	107	1	463	NA	NA	NA	43
		2	47	10	11	11	11
		3	8	5	5	5	5
LWK+ MKK+ YRI	325	1	905	NA	NA	NA	77
		2	248	83	87	100	89
		3	35	6	11	11	11
		4	7	1	2	2	2
		5	1	1	1	1	1
CEU	107	1	527	NA	NA	NA	60
		2	215	57	61	75	73
		3	14	1	3	3	2
CHB+JPT	160	1	721	NA	NA	NA	64
		2	195	45	39	51	45
		3	41	4	3	4	3
		4	13	1	1	1	1
		5	5	0	0	0	0

[a]NA：检验不适用。

我们发现这 3 种检验在单种群分析中结果相差不大，这可能是因为单种群的样本量小。在非洲组合人群分析中，291（24.3%）个 trans-eQTL 和两个或多个 cis-gens 显著相关。这其中 248 个 trans-eQTL 和两个 cis-gene 相关：70 个三元组在 TME 和 CME 检验中均显著；13 个拥有相同方向分量中介效应的三元组只能被 TME 检验识别，CME 检验失效；17 个拥有相反方向分量中介效应的三元组仅被 CME 检验识别，TME 检验失效，这些现象与数据模拟结果一致。SME 检验识别的 89 个三元组也都通过了 TME 或 CME 检验。总之，相比 SME 检验，我们提出的 TME 和 CME 检验方法识别了 11 个新的介导的 trans-eQTL（见表 2-5）。

表 2-5　非洲组合人群中多重中介检验识别的新的介导的 trans-eQTL

SNP	chr (SNP)	position	cis-gene$_1$	cis-gene$_2$	chr (trans-gene)	trans-gene
rs2024679	6	29259340	ZKSCAN3	PGBD1	17	NCOR1
rs3117327	6	29271373	ZKSCAN3	PGBD1	17	NCOR1
rs3135392	6	32441465	HLA-DRB5	HLA-DRB1	4	RPL34
rs2239804	6	32443746	HLA-DRB5	HLA-DRB1	4	RPL34
rs9270623	6	32597554	HLA-DRB5	HLA-DRB1	4	RPL34
rs642093	6	32614298	HLA-DRB5	HLA-DRB1	4	RPL34
rs2097431	6	32623056	HLA-DRB5	HLA-DRB1	12	ATP5MFP5
rs9272105	6	32632222	HLA-DRB5	HLA-DRB1	4	RPL34
rs10987642	9	127411687	SLC2A8	ZNF79	17	RPL12P38
rs10511793	9	26924623	CAAP1	IFT74	7	BRI3
rs2835187	21	35967194	SETD4	CBR1	3	PCOLCE2

在亚洲人群中，我们总共发现 254（26.1%）个 trans-eQTL 与两个或多个 cis-gene 显著相关，其中 195 个 trans-eQTL 与两个 cis-gene 相关：33 个三元组通过了 TME 和 CME 检验；12 个拥有相同方向分量中介效应的三元组通过了 TME 检验但未被 CME 检验识别；2 个三元组通过了 CME 检验但未被 TME 检验识别；4 个拥有相反方向分量中介效应的三元组通过了

CME 检验但未被 TME 检验识别。我们也注意到通过了 SME 检验的 45 个三元组都能被 TME 或 CME 检验识别；有 6 个介导的 trans-eQTL 在 SME 检验中未被识别。

接下来，我们分别比较了 LWK、MKK、YRI 以及非洲组合人群中识别得到的 trans-eQTL 和介导的 trans-eQTL 的重合情况。关于 trans-eQTL，当 FDR 小于 0.1 时，LWK、MKK、YRI 和非洲组合人群中识别的 trans-eQTL 有较大的重合（见图 2-5）。LWK 人群中识别的 7 个 trans-eQTL 均在其他单个人群或非洲组合人群中被识别。MKK 人群中识别 46 个 trans-eQTL，其中 23 个均在其他单个人群或非洲组合人群中被识别。YRI 人群中识别 51 个 trans-eQTL，其中 30 个均在其他单个人群或非洲组合人群中被识别。

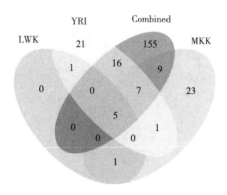

图 2-5　**trans-eQTL 在非洲人群中的重合情况**

我们还将结果与一个已有研究在 FDR 小于 0.05 时识别的 trans-eQTL 结果进行了比较分析（Pierce et al., 2014），发现 LWK、MKK、YRI 和非洲组合人群中识别的 trans-eQTL 中分别有 2，5，5，20 个被已有研究报道（见表 2-6）。这里，相对较低的重合率可能是由非洲种群和亚洲人群之间遗传因素和环境因素的不同造成的。

接着，我们评估了不同人群中介导 trans-eQTL 的重合情况（见图 2-6）。关于介导的 trans-eQTL，我们发现 LWK 人群中识别 13 个介导的 trans-eQTL，其中 7 个也在其他单个人群或非洲组合人群中被识别。MKK 人群中识别 61 个介导的 trans-eQTL，其中 13 个也在其他单个人群或非洲组合人群中被识别。LWK 人群识别 59 个介导的 trans-eQTL，其中 10 个也在其他单个人群或非洲组合人群中被识别。至于那些在不同人群中不一致的 trans-eQTL，可能是因为不同人群中基因调控的机制有差异（Pai, Pritchard, and Gilad, 2015）。这些发现有可能在精准医学和临床应用中有潜在的转化价值。

表 2-6　LWK、MKK、YRI 和非洲组合人群中与亚洲种群重合的 trans-eQTL

人群	SNP	chr（SNP）	position	chr（trans-gene）	trans-gene
LWK	rs481421	19	39434777	7	CCM2
	rs651601	19	39436185	7	CCM2
MKK	rs481421	19	39434777	7	CCM2
	rs651601	19	39436185	7	CCM2
	rs530411	19	39436900	7	CCM2
	rs17700376	19	55385959	2	ATIC
	rs9270856	6	32603062	2	LIMS1
YRI	rs481421	19	39434777	7	CCM2
	rs651601	19	39436185	7	CCM2
	rs530411	19	39436900	7	CCM2
	rs9270856	6	32603062	2	LIMS1
	rs9271170	6	32610112	2	LIMS1
Combined	rs7935564	11	5697287	2	RBM45
	rs7935903	11	5697512	2	RBM45
	rs12302749	12	6867132	7	TPI1P2
	rs199501	17	46785247	17	BPTF
	rs251857	19	39428898	7	CCM2
	rs251855	19	39430839	7	CCM2

续表

人群	SNP	chr（SNP）	position	chr（trans–gene）	trans–gene
	rs481421	19	39434777	7	*CCM2*
	rs651601	19	39436185	7	*CCM2*
	rs530411	19	39436900	7	*CCM2*
	rs2353678	19	39440419	7	*CCM2*
	rs1865092	19	39445377	7	*CCM2*
	rs11881477	19	39458139	7	*CCM2*
Combined	rs2009970	19	39460446	7	*CCM2*
	rs1560730	19	39465151	7	*CCM2*
	rs2288933	19	39481623	7	*CCM2*
	rs2288934	19	39483463	7	*CCM2*
	rs10412931	19	39509435	7	*CCM2*
	rs35464393	6	32562421	2	*LIMS1*
	rs2858867	6	32607548	2	*LIMS1*
	rs2858867	6	32607548	7	*TRIM56*

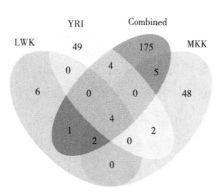

图2-6　介导的 trans–eQTL 在非洲人群中的重合情况

此外，我们研究发现与性状相关的 SNP 在 LWK、MKK、YRI 单个人群识别的介导的 trans-eQTL 中富集效应有限，而在非洲组合人群、欧洲人群以及亚洲组合人群识别的介导的 trans-eQTL 中有显著的富集效应（见表2-7）。这对于理解复杂疾病的遗传调控机制具有重要的参考价值。

表 2-7　与性状相关的 SNP 在识别的介导的 trans-eQTL 中的富集分析结果

| 人群 | 介导的 trans-eQTL | 与性状相关 | | p 值 |
		是	否	
LWK	是	2	11	0.013
	否	13 180	940 641	
MKK	是	3	56	0.055
	否	14 365	975 383	
YRI	是	2	53	0.172
	否	12 836	930 270	
LWK+MKK+YRI	是	18	155	1.484×10^{-10}
	否	10 901	729 084	
CEU	是	24	106	$< 2.2 \times 10^{-16}$
	否	13 403	773 824	
CHB+JPT	是	15	98	1.019×10^{-9}
	否	9144	531 427	

由多个中介变量介导的 trans-eQTL 可以帮助我们更好地认识基因调控。比如，位于4号染色体的 RPL34 基因由6号染色体上的5个 SNP 远程调控，例中介变量 *HLA-DRB5* 和 *HLA-DRB1* 介导（见表2-5）。*RPL34* 基因被研究发现在人类单核细胞中由 rs2395185 远程调控（Kim et al.，2014），这种关联被发现是 *TLR4* 激活过程中所特有的，*TLR4* 激活在先天性免疫中起着关键的作用（Beutler，2009）。然而，该关系背后的生物机制未知。

我们发现：rs2239804 通过影响临近基因的表达进而实现对 *RPL34* 基

因的远程调控，而这一个 SNP 与 rs2395185 存在一定程度的相关关系
（$r^2 = 0.53$），这意味着已有研究中报道的基因 *RPL34* 远程调控中存在潜在
的中介效应（见图 2-7）。rs2395185 和两个中介变量（*HLA-DRB5* 和
HLA-DRB1）被已有研究发现与溃疡性结肠炎有关（Silverberg et al.,
2009），并且这两个 HLA 基因曾在类风湿性关节炎的 GWAS 中被报道
（Eyre et al., 2012）。已有研究表明，先天性免疫这一功能障碍在溃疡性结
肠炎（Geremia et al., 2014）和类风湿性关节炎（Gierut, Perlman, and
Pope, 2010）发病机理中发挥着重要作用。

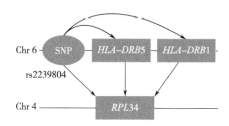

图 2-7　rs2239804 和基因 *RPL34* 之间的远程调控关系

因此，我们在研究中识别的介导的 trans-eQTL 不仅表明了 rs2239804
和 *RPL34* 之间存在远程调控的生物机制，而且也表明了溃疡性结肠炎以及
类风湿性关节炎发病机理中的介导途径。这一发现有助于对溃疡性结肠炎
和类风湿性关节炎两种疾病的发生机制有更深层次的认识和理解，同时在
疾病的治疗选择等方面具有潜在的应用价值，有助于实现精准医疗。

2.6　本章小结

eQTL 研究对认识基因调控机制有重要的作用。整合 eQTL 数据与
GWAS 中得到的信号可帮助解释从 SNP 到表现型的遗传调控机制，并指导
功能研究中的基因和变异排序，这个方向的研究取得了明显的进步
（Montgomery and Dermitzakis, 2011；Gusev et al., 2016；Wu et al., 2017）。
目前一些项目，如 GTEx 和 HapMap 项目，正在积极致力于扩充 eQTL 的信

息。然而，trans-eQTL 的识别以及可解释性仍然是一个充满挑战却十分重要的课题。在这个工作中，我们提出了一种计算方法来识别由多个中介变量介导的 trans-eQTL，并且展示了此方法相比于单一中介模型的优越性。

已有研究在考虑 trans-eQTL 对远处基因的调控时，仅考虑一个中介变量（Pierce et al.，2014；Yang et al.，2017；Yao et al.，2017），这可能会引起模型误定。我们工作的一个创新之处在于提出多重中介模型识别介导的 trans-eQTL。我们注意到 trans-eQTL 与多个基因相关这一现象在 GTEx 和 HapMap3 数据集中是普遍成立的。因此，多重中介模型更加倾向于符合实际数据的特征。数据模拟和实际数据分析结果也表明该方法提升了识别介导的 trans-eQTL 的统计功效。尤其在 HapMap3 数据集中，我们的方法识别了 11 个介导的 trans-eQTL，而单一中介模型不能识别。同时，我们发现与性状相关的 SNP 在介导的 trans-eQTL 中存在显著的富集效应，这对复杂疾病的发生机制理解、治疗选择等具有重要的参考价值。

当然，此研究还存在一定的完善空间。第一，由于基因调控网络的复杂性，我们在进行多重中介模型分析时，有可能没有充分校正未观测到的混杂因素。在单一中介模型中，潜在混杂因素的影响曾被更深入地讨论（Imai，Keele，and Yamamoto，2010）。我们将在未来的研究中关注多重中介模型的敏感分析。第二，根据识别的中介效应，我们不能进行因果推断，这是因为观测的中介效应只是解释了远程调控的相关关系。第三，在本研究中，关于 cis-gene 作为中介变量的选择完全是由数据驱动的，我们预期把基因调控网络的信息纳入未来的中介模型分析框架中。目前，一些研究利用结构方程模型（structure equation model）对基因调控网络以及 eQTL 对基因表达的影响进行建模，用于识别 cis-eQTL 和基因调控网络，基于此识别 trans-eQTL（Zhou and Cai，2022）。该模型只考虑了一个中介变量的情形。

总之，我们提出了多重中介模型来识别介导的 trans-eQTL。在数据模拟中发现，相比单一中介模型，我们的方法能够有效控制第一类错误，提高了识别介导的 trans–eQTL 的统计功效。此外，在 HapMap3 实际数据中，我们识别了 11 个在单一中介模型分析中不能识别的介导的 trans–eQTL，这将有助于理解基因调控以及复杂疾病的遗传机制。

第3章　转录组多基因风险评分方法

3.1　引言

随着高通量技术的发展，多组学数据在复杂疾病风险预测中的应用得到了研究人员的关注。如何从复杂的多组学数据中提取信息是难点所在，一些学者提出整合多组学数据的方法，例如在多基因风险评分基础上直接增加代谢数据用于Ⅱ型糖尿病的预测（Walford et al.，2014），或者整合GWAS数据、eQTL数据、个体水平上的基因表达数据构建风险评分（Marigorta et al.，2017）。然而，这些方法都依赖观测层面的数据。

近年来，一些研究基于预测基因表达量进行疾病遗传风险预测。Gusev等（2018）构建了基因层面的风险评分，即预测基因表达量的加权求和，权重来自TWAS统计数据，并估计在脑、血、脂肪组织中所得风险评分对精神分裂症的边际效应和联合效应。该研究仅考虑了少数特定组织的作用，却忽略了多组织潜在的信息价值，而且预测效果很可能受到选择偏差的影响。此外，相比PRS，构建的风险评分能否提供额外帮助呢？此研究未进行讨论，但我们在疾病风险预测时更关注的是多个特征的整体预测能力。Zhao等（2021）基于预测基因表达量也构建了基因层面的风险评分，权重根据预测基因表达量和性状直接估计，计算上存在一定的复杂度。此风险评分提供了额外的预测能力，但它只评价了单个组织的作用。综上所述，基因组之外的信息整合对疾病风险预测有潜在的帮助，但已有研究在构建基因层面的风险评分时权重计算不够灵活，而且多组织的风险评分如何辅助PRS进行风险预测值得探究。

本章我们将建立基于线性模型的参数估计方法，构建一种新型转录风险评分（Transcriptional Risk Score，TRS），即预测基因表达水平的加权求和，有效整合 eQTL 和 GWAS 数据，帮助进行复杂疾病遗传风险的预测（Shan et al., 2021）。该方法有灵活的解析形式，尤其在个体水平基因表达数据不能获得时，也可以系统地评估单个、多个组织的转录风险评分与多基因风险评分整体的预测能力。我们通过模拟数据来说明转录风险评分的作用，也在实际数据中比较了新方法和现有方法的表现。

3.2 转录风险评分

本节将详细介绍转录风险评分的构造，并介绍选取的对照方法以及 PRS 预测效果的评价方法。

3.2.1 转录风险评分

我们提出转录风险评分整合 eQTL 和 GWAS 数据，主要是来源于 PRS 形式的启发。类似于 PRS 为风险等位基因数目的加权求和（ $PRS = \sum_{l=1}^{M} \beta_l X_l$ ），其中 M 是用于 PRS 计算的 SNP 数目，X_l 是第 l 个 SNP 对应风险等位基因的拷贝数（取值为 0、1、2），β_l 是第 l 个 SNP 的效应规模，我们构造 TRS 为预测基因表达量的加权求和。正如 1.1.4 节介绍的，预测基因表达量可以在全转录组关联分析的第二步根据训练好的预测模型计算得到。这里，计算 TRS 问题的关键就转换为如何简易化、流程化地估计预测基因表达量的权重。

具体地，假设有 n 个个体构成的样本，记 Y 是一个 n 维的表现型数据，X_l 是第 l 个 SNP 对应风险等位基因的拷贝数。$T_g = \sum_{l \in \text{model}_g} w_{lg} X_l$ 是基因 g 的预测基因表达量，其中 w_{lg} 是从 GTEx（v7）参考数据集中估计得到的第 l 个 SNP 的权重。SNP 和预测基因表达量对 Y 的边际效应可以从以下两个线性回归方程中获得。

$$Y = \alpha_1 + X_l\beta_l + \varepsilon \qquad (3-1)$$

$$Y = \alpha_2 + T_g\gamma_g + \tau \qquad (3-2)$$

其中 β_l 是第 l 个 SNP 的效应规模，γ_g 是基因 g 的预测表达量的效应规模，α_1 和 α_2 是截距项，ε 和 τ 是误差项。我们记 $\widehat{\beta_l}$ 和 $\widehat{\gamma_g}$ 是 β_l 和 γ_g 对应的估计量。假设 X 是 $n \times m$ 的基因型矩阵，其中 m 是预测基因 g 表达量的 SNP 的个数。$\widehat{\Gamma_g}$ 是 X 的样本协方差矩阵，这里可以从一个参考数据中估计得到。具体地，第 l 个对角元素 $\widehat{\sigma_l^2}$ 是 SNP 估计的方差，为 $\widehat{\sigma_l^2} = 2p_l(1-p_l)$，其中 p_l 是第 l 个 SNP 在参考数据集中的次等位基因频率。预测基因表达量 T_g 估计的方差是 $\widehat{\sigma_g^2} = \widehat{var}(T_g) = W_g'\widehat{\Gamma_g}W_g$，其中 $W_g = (w_{1g}, \cdots, w_{mg})'$。

基于式 3-1，我们可知道 β_l 的估计。

$$\widehat{\beta_l} = \frac{\widehat{cov}(X_l, Y)}{\widehat{\sigma_l^2}} \qquad (3-3)$$

这里 $\widehat{\beta_l}$ 可以从 GWAS 概括统计量获得，$\widehat{\sigma_l^2}$ 可以从参考数据集估计得到，于是我们可以得到 $\widehat{cov}(X_l, Y) = \widehat{\beta_l}\widehat{\sigma_l^2}$。注意，由于遗传数据的隐私性，基因型数据往往无法直接获得，因此无法直接计算样本协方差，只能通过概括统计量和参考数据集进行推导计算。

在线性方程假设下，我们可以得到 γ_g 的估计。

$$\widehat{\gamma_g} = \frac{\widehat{cov}(T_g, Y)}{\widehat{\sigma_g^2}} = \frac{\widehat{cov}\left(\sum_{l \in model_g} w_{lg}X_l, Y\right)}{\widehat{\sigma_g^2}} = \frac{\sum_{l \in model_g} w_{lg}\widehat{cov}(X_l, Y)}{\widehat{\sigma_g^2}} = \frac{\sum_{l \in model_g} w_{lg}\widehat{\beta_l}\widehat{\sigma_l^2}}{\widehat{\sigma_g^2}}$$

$$(3-4)$$

设想一个 SNP 对表现型的作用是通过基因表达来介导的，这时我们就可以把遗传调控的表达量的预测值作为基因表达量的一个代理变量，并估计得到相应的效应量。在线性模型假设下，TRS 的具体形式如下。

$$TRS = \sum_g T_g\widehat{\gamma_g} = \sum_g \left(\left(\sum_{l \in model_g} w_{lg}X_l\right)\left(\frac{\sum_{l \in model_g} w_{lg}\widehat{\beta_l}\widehat{\sigma_l^2}}{\widehat{\sigma_g^2}}\right)\right) \qquad (3-5)$$

这里 TRS 不是一个估计量，它是基于将表型作为相应变量，基因表达预测值作为预测变量的线性模型式 3-2 提出的风险评分方法。$TRS = \sum_g T_g \hat{\gamma}_g$，其中 T_g 是由遗传效应决定的基因 g 的表达量，$\hat{\gamma}_g$ 是其效应规模的估计量。TRS 的定义形式上与 PRS 类似，但它的预测变量是基因表达预测值，而不是个体 SNP 的风险等位基因拷贝数，它定量刻画了由转录组介导的遗传变异对表型的贡献。

值得注意的是，TRS 和 PRS 都是基于概括统计量构建的遗传风险评分方法，它们都是对风险等位基因拷贝数进行加权求和。本质上，TRS 是 PRS 的一种。其主要区别在于风险等位基因位点的选取和权重的计算方法。我们通过后续的模拟实验证实，当转录组对复杂表型的遗传度具有较高贡献时，TRS 方法具有更高的预测准确度。其优势在于，TRS 方法整合了参考数据集中的 eQTL 信息。当然，在极端的情况下，如果转录组对疾病表型没有贡献，TRS 并不能优于 PRS 方法。

在本研究中，我们借助 PrediXcan（Gamazon et al.，2015）实现了 GTEx（v7）参考数据集中 48 个组织的基因表达量预测，借助 S-PrediXcan（Barbeira et al.，2018）流程化估计每一个预测基因表达量的效应量。除了权重参数，构造 TRS 时基因的选择也是一个值得思考的问题，因为如果基于一个相对严的 p 值筛选准则（如 $p < 5 \times 10^{-6}$），这时我们可能忽略更大基因集合中包含的一些重要信息。对于本研究，我们把所有可预测的基因均纳入 TRS 计算中。TRS 以及 PRS 一起作为变量训练模型。对于单组织 TRS（简称 STRS），我们在构造的 TRS 上运用逻辑回归模型，同时调整了 LDpred PRS 或 AnnoPred PRS 的影响。具体而言，我们首先计算每个组织中的 TRS，选择了在训练模型中拥有最好预测能力的那个组织。换句话说，单组织指的是在训练模型时拥有最好表现的 TRS 来源的组织。在模型评估时，上述选定组织中构造 TRS 的权重被应用到测试数据上。我们进行十折交叉验证，计算每一个测试集上的 AUC，总的 AUC 为 10 个测试集上 AUC 的平均。

对于多个组织，我们计算了每个组织中的 TRS，采取 LASSO 回归，基于最小平均交叉验证误差选择变量（Tibshirani, 1996），同时也调整了 LDpred PRS 或 AnnoPred PRS 的影响。这里的分析是由 R 包 glmnet 完成。

3.2.2 基准方法 LDpred 和 AnnoPred

为评估 TRS 方法的表现，我们选取了 LDpred（Vilhjálmsson et al., 2015）和 AnnoPred（Hu et al., 2017b）两种方法作为基准，应用于 WTCCC（Wellcome Trust Case Control Consortium）数据集和全基因组荟萃分析（meta–GWAS）数据。我们以这两种作为基准，一方面是因为 LDpred 和 AnnoPred 代表了 PRS 计算方法中的两大改进方向：①LDpred 在贝叶斯框架下通过给定 spike 和 slab 先验提供了 SNP 效应的压缩估计，并考虑了 SNP 之间的 LD 信息，是计算 PRS 的一个经典方法。此外，复杂疾病的遗传风险预测是一个困难的问题，相比 LDpred，后续一些方法的预测效果提高有限或与研究的性状有关（Ge et al., 2019）。因此，LDpred 被用作一个基准方法；②AnnoPred 整合了多种基因组、表观组等功能注释信息，被选作整合功能注释信息 PRS 方法的代表。我们提出的 TRS 方法整合了 eQTL 的信息，如果在 AnnoPred 基础上仍然实现预测效果的提高，也更能说明 TRS 方法在遗传风险预测方面的优势。

使用 LDpred 方法时，我们选取了千人基因组中的欧洲人群作为计算 LD 矩阵的参考数据集。此外，LDpred 包括两个调优参数，我们参考 LDpred 的推荐设置：LD 半径取值为 $K/3000$，其中 K 为分析时 SNP 的总数；因果变异的比例取一系列值 {1, 0.3, 0.1, 0.03, 0.01, 0.003, 0.001}。因此，LDpred 涉及 7 种参数取值。在使用 AnnoPred 方法时，我们采用了原始文献（Hu et al., 2017b）展示结果时使用的 61 种注释信息：GenoCanyon（Lu et al., 2015）利用 ENCODE 表观基因组数据和基因组保守指标预测的人类基因组的功能区域，GenoSkyline（Lu et al., 2016）利用 Epigenomics Roadmap Project 表观组数据预测的 7 种组织特异性功能和 53

种不同的基因组特征（Finucane et al., 2015）。使用 AnnoPred 时，因果变异的比例取值同 LDpred，但需要注意的是，AnnoPred 考虑 spike 和 slab 先验分布的两种情形：一是假设在不同功能注释类别中，因果 SNP 的比例相同，效应大小不同；二是假设在不同功能注释类别中，因果 SNP 的比例不同，效应大小相同。因此，AnnoPred 涉及 14 种参数取值。在后续方法比较时，我们是通过十折交叉验证在训练数据上确定最优参数取值。

3.2.3　方法评估

在 WTCCC 数据集中，我们采用十折交叉验证评价不同方法的表现。具体地，我们利用 R 包 caret 中的 createFolds 函数将个体水平上的基因型和表现型数据分成十等份。对于每一个性状，我们用其中九份作为训练数据估计 SNP 的效应并计算 LDpred PRS、AnnoPred PRS 和 48 个组织的 TRS（简称 MTRS）。训练数据也被用来进行 PRS 中的调优参数选择以及 STRS 和 MTRS 相应的参数估计。余下一份样本被用来评估预测效果。我们重复上述过程 10 次，计算得到 10 个 AUC 的平均值，被用来量化模型的性能。

在 meta-GWAS 数据集中，GWAS 概括统计量被用来计算 LDpred PRS、AnnoPred PRS 和 48 个组织的 TRS。在测试数据中，我们也采用十折交叉验证评估不同方法的表现：其中九份被用来进行 PRS 中的参数调整、STRS 和 MTRS 相应的参数估计，余下一份被用来评估预测效果。我们计算每一份测试数据的 AUC，得到平均 AUC 来量化方法的表现。Bootstrap 成对 Z 检验被用来比较我们的方法 STRS 或 MTRS 和基准模型 LDpred 或 AnnoPred 的效果，具体是基于 100 次分层 Bootstrap 重复得到的 AUC。检验统计量被定义为 $Z = (AUC_1 - AUC_2)/sd(AUC_1 - AUC_2)$，其中 AUC_1 和 AUC_2 是两种方法观测的 AUC，$sd(AUC_1 - AUC_2)$ 是根据 100 次分层 Bootstrap 中的 AUC 计算得到的。具体而言，我们在每一次分层 Bootstrap 中，有放回地抽取与原始数据中相等数量的病例和对照，计算所得样本的 AUC，记录两种方法的 AUC 差异。我们重复这个过程 100 次，计算得到 AUC 差异的标准差。因为这个检验统计量近似服从正态分布，所以我们计算相应的单边 p 值。上述分析借助 R 包 pROC 完成（Robin et al., 2011）。

3.3 模拟数据分析

本节主要介绍产生模拟数据的设置以及模拟数据在不同情形下的表现。

3.3.1 模拟数据设置

我们通过数据模拟评价 STRS 和 MTRS 的表现。具体而言，首先基于 WTCCC 数据集中 4 825 个个体 1 号染色体的 341 682 个 SNP 的基因型生成表现型数据。为简化设置，这里只考虑 3 个组织中的预测基因表达量，包括全血的 597 个基因、胰腺的 450 个基因和皮下脂肪的 743 个基因。表现型数据是根据以下公式生成的。

$$\log \frac{P(y=1\mid x)}{p(y=0\mid x)} = \sum_{l \in C} \beta_l x_l + \sum_{g_1 \in G_1} \gamma_{g_1}(t_{g_1} + \varepsilon_1) + \sum_{g_2 \in G_2} \gamma_{g_2}(t_{g_2} + \varepsilon_2) \qquad (3\text{-}6)$$

其中 C 是因果变异的集合，x_l 是标准化后的基因型数据，$\beta_l \sim N(0, \sigma_1^2)$；$G_1$ 是全血中因果基因的集合，t_{g_1} 是全血中标准化后的预测基因 g_1 表达量数据，$\gamma_{g_1} \sim N(0, \sigma_2^2)$；$G_2$ 是胰腺中因果基因的集合，t_{g_2} 是胰腺中标准化后的预测基因 g_2 表达量数据，$\gamma_{g_2} \sim N(0, \sigma_3^2)$；$\gamma_{g_1}$ 和 γ_{g_2} 是独立抽样得到的；$\varepsilon_1 \sim N(0, \sigma_4^2)$；$\varepsilon_2 \sim N(0, \sigma_5^2)$；$\varepsilon_1$ 和 ε_2 是独立的。

上述因果变异是根据以下步骤选择的：①对于 LD 大于 0.1 且距离小于 500kb（kilobase pairs）的一对 SNP，我们随机去掉其中一个（Shi et al., 2016）。经过过滤，得到 3298 个 SNP；②从 3298 个 SNP 中随机选择 300 个 SNP 作为因果变异。关于因果基因的设置，主要考虑的是情形设置需要反映出对性状不同程度的组织特异性。这里，考虑了两种情形。第一种情形是仅全血中的基因影响性状，此时基因集合 G_2 是空集。我们从全血的 597 个基因中随机选择 200 个基因作为因果基因，并设置 $\sigma_1 = 0.08$，

0.10，0.12 和 σ_2 = 0.15，0.175，0.20 模拟在 WTCCC 数据集中 SNP 和基因表达对表现型的影响。为保证预测基因表达量解释的变异与现有研究中的结果可比，我们设置 σ_4 = 2（Gamazon et al., 2015）。第二种情形是全血和胰腺中的基因均影响性状。我们从全血的 597 个基因和胰腺的 450 个基因中分别随机选择 100 个基因作为因果基因，并保证两部分选择的基因没有重合。我们设置了 σ_1 = 0.1，σ_2 = σ_3 = 0.15，0.175，0.20 以及 σ_4 = σ_5 = 2。

十折交叉验证得到的 AUC 均值被用来评估预测效果。具体地，AUC 均值的标准误差和 Bootstrap 检验的 p 值根据 100 次 Bootstrap 抽样计算得到，被用来比较我们提出的方法和 LDpred 的效果。这里没有与 AnnoPred 对比，主要是因为通过数据模拟 SNP 的注释信息难以反映真实情况，在实际数据中将我们的方法与 AnnoPred 比较会更有意义。

3.3.2 模拟数据结果

我们借助数据模拟评价不同参数设置下 STRS 和 MTRS 的表现，并对比讨论 STRS、MTRS 与 LDpred 的表现。在第一种情形下，所有因果基因仅来自一个组织，STRS 在不同参数设置下具有一致显著的预测效果提升（见图 3-1）。对于 TRS 方法和 LDpred，正如我们预期的那样，随着 SNP 的效应增加，预测能力在不同参数设置下会增加。我们也注意到这一趋势对基因表达量同样适用。相比 LDpred，随着基因表达量效应的标准差增大，STRS 带来的预测能力提升也会增大。MTRS 的表现与 LDpred 的表现近似，并且 AUC 的差异不显著。这也意味着当性状组织特异性高时，MTRS 不能帮助提升预测能力，这一现象很可能是由引入了不相关组织的转录信息造成的。

在第二种情形下，因果基因来自两个组织，STRS 和 MTRS 在不同参数设置下均显著地提升了预测能力（见图 3-2）。正如我们预期的那样，这时 MTRS 带来的提升大于 STRS 提升的程度，这意味着当多个组织影响疾病风险时，MTRS 能够从所有相关组织中整合互补信息帮助提升预测效

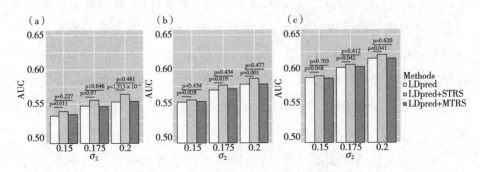

图 3-1　第一种情形 I 中 3 种方法的表现，

$(a) \sigma_1 = 0.08$，$(b) \sigma_1 = 0.10$，$(c) \sigma_1 = 0.12$

误差棒根据 100 次分层 Bootstrap 抽样计算得到，p 值基于 Bootstrap 成对检验得到

果。总之，数据模拟结果表明当疾病的遗传力一部分来自 eQTL 的作用时，TRS 方法能够帮助提升预测效果，并且 eQTL 影响性状这一现象在复杂疾病研究中是非常常见的（Gusev et al., 2018；Zhao et al., 2021）。此外，当 eQTL 通过影响基因表达解释更多的遗传力时，TRS 预测能力提升会更大。当多个组织对疾病风险具有独立贡献时，MTRS 也能够带来额外的预测能力提升。

3.4　实际数据分析

本节主要介绍实际数据及其预处理，并将我们提出的方法应用在实际数据中，同时与基准方法作比较。

3.4.1　数据描述

我们用 WTCCC 数据集（Wellcome Trust Case Control Consortium, 2007）评价模型的表现。对于基因型数据，我们移除了遗传相关系数大于 0.05 的个体并去掉了缺失率大于 0.01 的变异位点（Hu et al., 2017b）。经过过滤，15 918 个个体和 393 273 个变异位点被用于后续分析。WTCCC 数

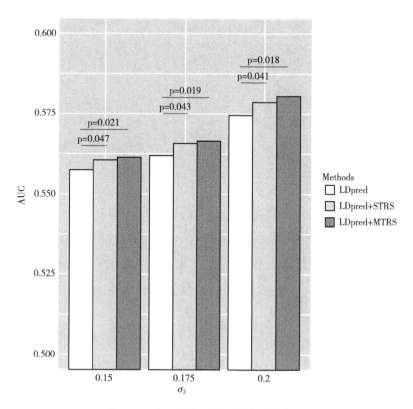

图 3-2 第二种情形中 3 种方法的表现

误差棒根据 100 次分层 Bootstrap 抽样计算得到，*p* 值基于 Bootstrap 成对检验得到

据集包括 7 种疾病，分别是双相情感障碍（Bipolar disorder）、冠心病（Coronary artery disease）、克罗恩病（Crohn's disease）、高血压（Hypertension）、类风湿性关节炎（Rheumatoid arthritis）、I 型糖尿病（Type 1 diabetes）和 II 型糖尿病（Type 2 diabetes）（见表 3-1）。

表 3-1 WTCCC 数据集中的病例和对照个体数目

疾病	病例个体数目	对照个体数目
双相情感障碍	1 844	2 876
冠心病	1 908	2 876

疾病	病例个体数目	对照个体数目
克罗恩病	1 696	2 876
高血压	1 924	2 876
类风湿性关节炎	1 822	2 876
I 型糖尿病	1 949	2 876
II 型糖尿病	1 899	2 876

对于克罗恩病和 II 型糖尿病，我们获得了独立的 GWAS 概括统计量作为训练集，个体水平的基因型数据和表现型数据作为测试集。此时，GWAS 概括统计量被用来计算 TRS，而 STRS 和 MTRS 的预测能力在独立的测试样本中被评估。对于克罗恩病，我们从炎症性肠病国际遗传学协会（International Inflammatory Bowel Disease Genetics Consortium）获得相应概括统计量，包括 15 056 个病例和 6333 个对照的 871 743 个 SNP 的数据（Franke et al., 2010）。我们用 WTCCC 数据集中克罗恩病的 1696 个病例和 2876 个对照样本测试模型的表现。值得注意的是，为避免训练和测试样本重叠，我们在 GWAS 荟萃分析中移除了 WTCCC 数据集中的个体。对于 II 型糖尿病，我们从糖尿病遗传复制和荟萃分析协会（Diabetes Genetics Replication and Meta-analysis Consortium）获得概括统计量，包括 56 862 个病例和 12 171 个对照样本的 2 400 624 个 SNP 的数据（Morris et al., 2012）。注意，WTCCC 数据集的样本也包含在上述 GWAS 荟萃分析中。但这里，我们获取了 Northwestern NUgene 计划的一个独立数据集，即 629 个病例和 710 个对照样本的 478 237 个 SNP 的数据作为测试集（McCarty et al., 2011）。

3.4.2　基因型填充

我们使用 SHAPEIT 程序（Delaneau, Marchini, and Zagury, 2012）进

行单倍型定相，利用 Minimac3（Das et al., 2016）填充 WTCCC 数据集和 Northwestern NUgene 计划的基因型。千人基因组数据（1000 Genomes Project Consortium, 2015）被用来作为基因型填补时的参考数据，这里我们得到了大约 4.1 千万填充的遗传变异。在后续分析时，我们参考文献的设置保留了基因型填充相关系数大于 0.8（Gamazon et al., 2015）的遗传变异，即大约 7 百万 SNP。

3.4.3 WTCCC 数据集的结果

为展示 TRS 方法在实际数据中的表现，我们基于十折交叉验证评估 STRS 和 MTRS 对 WTCCC 数据集中 7 种疾病的预测能力。LDpred 和 AnnoPred 被用来作为基准方法，对比 TRS 方法的表现。我们在表 3-2 和表 3-3 中展示了所有方法的 AUC。

表 3-2 基于 LDpred 的 3 种方法在 WTCCC 数据集中的表现

疾病	LDpred	LDpred+STRS（p 值[a]）	LDpred+MTRS（p 值[b]）
双相情感障碍	0.6574	0.6605（0.031）	0.6626（0.004）
冠心病	0.5965	0.5990（0.033）	0.5998（0.005）
克罗恩病	0.6293	0.6336（9.073×10^{-4}）	0.6348（1.013×10^{-4}）
高血压	0.5856	0.5890（0.008）	0.5915（3.237×10^{-4}）
类风湿性关节炎	0.6561	0.6590（0.017）	0.6465（1）
Ⅰ型糖尿病	0.7868	0.8027（6.761×10^{-15}）	0.7709（1）
Ⅱ型糖尿病	0.5985	0.6009（0.034）	0.6027（0.002）

[a] p 值基于 Bootstrap 检验比较 LDpred+STRS 和 LDpred 的 100 次分层 Bootstrap 抽样结果得到

[b] p 值基于 Bootstrap 检验比较 LDpred+MTRS 和 LDpred 的 100 次分层 Bootstrap 抽样结果得到

相比 LDpred，LDpred+STRS 在 WTCCC 数据集的 7 种疾病中一致显著地提高了预测能力。虽然提升幅度有限，但也表明了 STRS 在 LDpred 基础上包含了额外的信息，有助于风险预测。值得注意的是，加入 STRS 后，Ⅰ

型糖尿病的 AUC 从 0.7868 显著地提升到 0.8027（$p = 6.761 \times 10^{-15}$），克罗恩病的 AUC 从 0.6293 显著地提升到 0.6336（$p = 9.073 \times 10^{-4}$）。这一结果也与已有研究中的发现一致：在 WTCCC 数据集的 TWAS 分析中，相比其他疾病，克罗恩病和 I 型糖尿病有更多显著相关的基因（Gamazon et al., 2015）。

我们也注意到，对于双相情感障碍、冠心病、克罗恩病、高血压、II 型糖尿病，LDpred + MTRS 显著地优于 LDpred，也显著地优于 LDpred + STRS。相比 STRS，MTRS 提升的预测力有限，这可能是由不同组织中存在共享的局部基因调控机制引起的（Hu et al., 2019）。然而，对于 I 型糖尿病和类风湿性关节炎，MTRS 表现劣于 STRS，甚至不如基准模型，这可能是因为这两种疾病具有更高的组织特异性。已有研究发现，类风湿性关节炎的 GWAS 信号主要富集于血中，而冠心病、克罗恩病和 II 型糖尿病的 GWAS 信号富集于多个组织中（Lu et al., 2016）。这些发现也与已有研究中的讨论一致：当多个组织与性状相关时，多组织联合检验能提升基因识别的统计功效。然而，当只有一个组织影响性状时，多组织联合检验会比对这个相关组织的单组织检验更差（Hu et al., 2019）。

同时，我们还选择了 AnnoPred 作为基准方法进一步评估了 TRS 方法的表现（见表 3-3）。AnnoPred 是一种整合功能注释信息来提升预测能力的 PRS 方法。在 WTCCC 数据集的 7 种疾病中，AnnoPred + STRS 和 AnnoPred+MTRS 均一致显著地提升了预测效果。值得注意的是，即使 AnnoPred 方法已经考虑一些功能注释信息，TRS 方法的优越性依然存在，这也进一步表明了 TRS 方法能够整合必要的信息来帮助风险预测。

表 3-3 基于 AnnoPred 的 3 种方法在 WTCCC 数据集中的表现

疾病	AnnoPred	AnnoPred+STRS（p 值[a]）	AnnoPred+MTRS（p 值[b]）
双相情感障碍	0.6251	0.6274（0.007）	0.6318（1.147×10^{-7}）
冠心病	0.5967	0.6013（0.044）	0.6015（0.043）
克罗恩病	0.6924	0.6959（0.001）	0.6966（5.085×10^{-4}）

续表

疾病	AnnoPred	AnnoPred+STRS (p 值[a])	AnnoPred+MTRS (p 值[b])
高血压	0.5776	0.5799 (0.045)	0.5831 (0.003)
类风湿性关节炎	0.6285	0.6374 (3.361×10^{-12})	0.6394 (8.923×10^{-14})
I 型糖尿病	0.6975	0.7027 (1.977×10^{-15})	0.7170 ($<2.2 \times 10^{-16}$)
II 型糖尿病	0.6063	0.6097 (0.006)	0.6112 (2.650×10^{-4})

[a] p 值基于 Bootstrap 检验比较 AnnoPred+STRS 和 AnnoPred 的 100 次分层 Bootstrap 抽样结果得到

[b] p 值基于 Bootstrap 检验比较 AnnoPred+STRS 和 AnnoPred 的 100 次分层 Bootstrap 抽样结果得到

总之，通过整合 GWAS 和 cQTL 数据，相比 PRS 方法，我们构建的 TRS 包含额外的信息能够帮助提升风险预测效果。MTRS 的表现与性状相关，这可能取决于不同性状的组织特异性程度。

3.4.4　meta-GWAS 数据集的结果

接下来，我们对克罗恩病和 II 型糖尿病使用 GWAS 概括统计量构建 TRS，在独立数据集上评估 TRS 方法的预测能力。表 3-4 展示了克罗恩病和 II 型糖尿病在不同方法下的表现。对于克罗恩病，STRS 和 MTRS 显著地优于 LDpred。对于 II 型糖尿病，MTRS 优于 LDpred，STRS 的表现比 LDpred 稍有改进。表 3-5 展示了以 AnnoPred 作为基准的方法比较。对于克罗恩病和 II 型糖尿病两种疾病，STRS 和 MTRS 的预测能力一致显著优于 AnnoPred。

表 3-4　基于 LDpred 的 3 种方法在 meta-GWAS 数据集中的表现

疾病	LDpred	LDpred+STRS (p 值[a])	LDpred+MTRS (p 值[b])
克罗恩病	0.6672	0.6719 (9.159×10^{-4})	0.6753 (4.646×10^{-4})
II 型糖尿病	0.5987	0.6008 (0.040)	0.6075 (2.089×10^{-4})

[a] p 值基于 Bootstrap 检验比较 LDpred+STRS 和 LDpred 的 100 次分层 Bootstrap 抽样结果得到

[b] p 值基于 Bootstrap 检验比较 LDpred+MTRS 和 LDpred 的 100 次分层 Bootstrap 抽样结果得到

表 3–5　基于 AnnoPred 的三种方法在 meta–GWAS 数据集的表现

疾病	AnnoPred	AnnoPred+STRS（p 值[a]）	AnnoPred+MTRS（p 值[b]）
克罗恩病	0.7023	0.7061（2.924×10^{-4}）	0.7083（1.888×10^{-5}）
Ⅱ型糖尿病	0.6302	0.6354（0.002）	0.6377（3.940×10^{-4}）

[a] p 值基于 Bootstrap 检验比较 AnnoPred+STRS 和 AnnoPred 的 100 次分层 Bootstrap 抽样结果得到

[b] p 值基于 Bootstrap 检验比较 AnnoPred+MTRS 和 AnnoPred 的 100 次分层 Bootstrap 抽样结果得到

总之，不管是基于 LDpred 还是 AnnoPred PRS，对于克罗恩病和Ⅱ型糖尿病而言，最好的预测模型都是考虑了 MTRS 后的模型。这一现象也与这两种疾病在 WTCCC 数据集上的表现是一致的，这也进一步印证了 MTRS 对疾病风险预测的作用。

3.5　本章小结

在本研究中，我们提出了一种新的灵活的框架，通过整合 eQTL 和 GWAS 数据进行复杂疾病的遗传风险预测。受 PRS 形式启发，我们定义 TRS 为预测基因表达量的加权求和，基于线性模型的参数估计方法得到 TRS 的解析形式，最后建立了 PRS 和 TRS 联合效应的统计框架用于疾病风险预测。模拟数据和实际数据表明了 TRS 方法可以提升预测能力。尤其当只有一个组织与疾病风险相关时，我们推荐使用 STRS。当一个性状遗传调控一定程度上是通过基因表达介导时，STRS 带来的改进是显著的。然而，当多个组织对疾病风险具有独立贡献时，MTRS 能够提供额外的预测功效。在实际数据分析中，以 LDpred 和 AnnoPred 为基准，STRS 方法一致显著地提升了预测能力。

本章提出的 TRS 方法对 AUC 的提升较小，其显著性仅代表统计意义上显著。我们借助 R 包 pROC 中的 Bootstrap 成对 Z 检验计算 p 值，其中检验统计量 $Z = (AUC_1 - AUC_2)/sd(AUC_1 - AUC_2)$ 的分母计算时只考虑了重抽样的随机性。值得一提的是，复杂疾病的遗传风险预测至今依然是一个亟待解决的科学难题，是统计学和计算生物学关注的前沿和热点。一方面，大量的研究对 PRS 计算进行优化，但 AUC 提升有限，如 Song 等（2020）与 Song、Hou 和 Liu（2022）研究发现，相比 LDpred，新方法对 AUC 的提升在 0.007~0.051 之间。另一方面，一些研究开始考虑加入基因风险评分（相关文献未报告 AUC），如 Zhao 等（2021）发现 PRS 解释 1.17%~6.38%遗传度，单一组织基因风险评分解释的遗传度增加 0.33%~5.22%，具体表现与性状相关。我们在实际数据分析中也注意到 TRS 方法的表现与性状有关，与 PRS 基准方法有关。在本研究中，我们的贡献主要在于提出一种灵活的 TRS 框架，并系统地评估 STRS 或 MTRS 和 PRS 的整体预测能力。

本研究中有几点创新之处。第一，TRS 的框架很灵活，不仅可以考虑 GWAS 概括统计量，而且也能够将 SNP 重新估计的效应纳入进来。这就意味着已有文献中通过重新估计 SNP 效应来提升 PRS 预测能力的方法可以在 TRS 计算时考虑进来，我们预期如果结合适当的 PRS 方法，TRS 的预测能力也能够得到一定提升。第二，TWAS 框架得到了广泛的拓展，尤其是在基因表达值预测模型上的改进，也可以考虑纳入 TRS 计算中。第三，TRS 的框架能够很容易迁移，可以考虑把其他 QTL 信息纳入进来，如代谢组、蛋白组等的 QTL 信息。

虽然 STRS 和 MTRS 一定程度上提升了 PRS 方法的预测能力，但是该研究也存在进一步探索的空间。第一，我们使用 PrediXcan 软件预测的所有基因表达水平，没有进行变量的选择。包含那些与疾病风险不相关的基因可能会影响模型的预测能力。在未来研究中，我们考虑设置 p 值域值用于基因选择，也可以参考在 PRS 构建时选择 SNP 的其他技术方法。第二，我们构建的 TRS 是预测基因表达量的线性加权。这可能会忽略掉基因的非线性影响以及基因与基因之间或基因调控网络中存在的交互效应。目前机器学习方法发展迅速，机器学习模型或许可用来构建一个更加灵活的模型，从而提升风险预测能力。此外，目前表观组关联分析、全蛋白组关联分析、代谢组关联分析等提供了不同组学丰富的概括统计量。基于此，我们期望在构建不同组学风险评分方面进行更多有益的探索和尝试，预期会更有效地指导复杂疾病的风险预测问题。

第4章 tRNA衍生片段与T细胞活化在乳腺癌患者生存中的相互作用研究

4.1 引言

本章介绍统计方法在乳腺癌患者生存分析中的应用，以研究多组学数据的影响。根据本章的统计理论模型，我们可以很好地了解到在乳腺癌患者中tRNA衍生片段与T细胞活化是如何相互作用的，并能够认识tRNA衍生片段与基因调控的关系，从而为不同特征乳腺癌患者的治疗提供一些参考，有望在精准医学研究和临床应用中实现重大的转化价值。

近年来，tRNA衍生片段作为一种来自前体tRNA或成熟序列的小的非编码RNA，引起了研究人员对其在疾病中的作用以及功能机制方面的广泛关注。基于tRNA的切割位点，tRF被分为5类：tRF-1或tsRNA、tRF-3、tRF-5、tRF-2和tiR（见图4-1）。tRF-1由前体tRNA的3′端产生，其他4种类型的tRF则由成熟tRNA的3′端或5′端产生（Kumar, Kuscu, and Dutta, 2016）。tRF-3的长度一般约为18或22个核苷酸，根据长度分为两个亚类：tRF-3a和tRF-3b。同样，tRF-5根据长度分为3个亚类：tRF-3a（14~16个核苷酸）、tRF-3b（22~24个核苷酸）和tRF-3c（28~30个核苷酸）（Kumar et al., 2014）。tiR有两个亚类：3tiR从成熟tRNA的3′端开始到反密码子环的末端，5tiR从成熟tRNA的5′端开始到反密码子环的末端。tRF-2是来自成熟tRNA的反密码子环，属于一种新型的tRNA衍生片段。

tRNA衍生片段在癌症发生和发展中扮演着重要的角色（Dhahbi

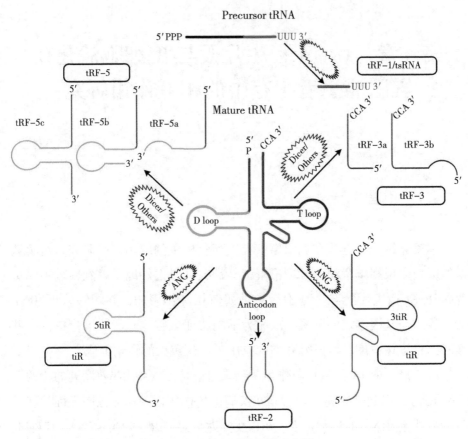

图 4-1 5 种 tRNA 衍生片段（本图来自文献 Li et al., 2021）

et al., 2014; Pekarsky et al., 2016; Balatti et al., 2017; Slack et al., 2018）。tRNA 衍生片段的失调在乳腺癌中也被关注。例如，由低氧应激诱导的一种新型 tRNA 衍生片段与致癌 RNA 结合蛋白 YBX1 相结合，并通过从 YBX1 中替换 3′ UTR 来抑制多种致癌转录物的稳定性和表达（Goodarzi et al., 2015）。另一项研究发现，在雌激素受体（Estrogen Receptor, ER）阳性的乳腺癌细胞系中，多种 tRNA 衍生片段很丰富，但在 ER 阴性的乳腺癌或其他组织细胞系中不丰富，这表明 tRNA 衍生片段参与性激素依赖性癌症的细胞增殖（Honda et al., 2015）。相比于曲妥珠单抗敏感乳腺癌，

tRNA 衍生片段在曲妥珠单抗耐药乳腺癌细胞系中存在上调作用，tRNA 衍生片段的高表达与人类表皮生长因子受体（human epidermal growth factor receptor 2，HER2）阳性患者较差的无进展生存率（progression free survival）相关，这意味着 tRNA 衍生片段参与 HER2 阳性乳腺癌患者中的曲妥珠单抗靶向治疗反应（Sun et al.，2018）。tRNA 衍生片段也被研究确定是三阴性乳腺癌中预测无复发生存率的生物标志物（Feng et al.，2018）。综上所述，表明了 tRNA 衍生片段在乳腺癌的发生和进展中发挥着功能性作用。

CD8$^+$ T 细胞衰竭和增强的调节性 T 细胞曾经被发现参与到人类癌症的进展中，其中也包括乳腺癌。一旦浸润的 T 细胞被肿瘤新抗原启动并激活为效应 T 细胞，它们就会执行其细胞毒性来杀死肿瘤细胞。新抗原存在于肿瘤细胞中，是由肿瘤特异性体细胞 DNA 突变产生的，能够导致蛋白质序列变化。新抗原与 MHC I 型分子结合，然后被 CD8$^+$ T 细胞识别，从而触发抗肿瘤免疫反应。尽管研究发现 tRNA 衍生片段在免疫细胞中含量丰富并且可能在免疫反应中发挥重要作用（Dhahbi，2015；Li，Xu，and Sheng，2018），但其潜在的作用机制尚不清楚。一种可能的机制是 tRNA 衍生片段调节免疫细胞内部的基因表达。另一种可能机制是 tRNA 衍生片段被 Toll 样受体识别，从而诱导 Th1 和毒性 T 淋巴细胞的免疫反应（Wang et al.，2006）。

我们在以前的研究中发现，T 细胞活化评分与乳腺癌患者生存率的提高显著相关（Lu，Bai，and Wang，2017；Lu et al.，2019）。然而，tRNA 衍生片段与 T 细胞活化之间是否存在交互作用，以及它们是如何影响乳腺癌患者生存的尚不清楚。在本章中，我们旨在研究 tRNA 衍生片段与 T 细胞活化的相互作用对乳腺癌患者生存率的影响。我们相信，这将能够促进对 tRNA 衍生片段生物学机制的理解，也将为 tRNA 衍生片段作为乳腺癌的治疗靶点提供参考。

4.2 乳腺癌患者数据

本章研究中包括 1 081 名原发性乳腺癌女性患者，其临床数据来自癌症基因组图谱（The Cancer Genome Atlas）的乳腺浸润性癌研究（http://www. cbioportal. org/）。我们从基因组数据共享（Genomic Data Commons）数据库的 TCGA - BRAC 项目下载标准化的 RNA 测序数据（https://portal. gdc. cancer. gov/），总共 60 483 个 mRNA 转录物的表达水平。T 细胞活化评分是基于与 T 细胞活化状态相关的 13 个基因（$NKG7$, $CCL4$, $CST7$, $PRF1$, $GZMA$, $GZMB$, $IFNG$, $CCL3$, $PD-1$, $TIGIT$, $LAG3$, $TIM3$, $CTLA4$）计算得到（Lu, Bai, and Wang, 2017）。为获得 tRNA 衍生片段的表达水平，对小 RNA 原始测序数据进行了质量控制，然后重新对齐到人类参考基因组（hg19）和人类基因组 tRNA 数据库（Chan and Lowe, 2016）。我们在进行实际数据分析时使用了由 tRFexplorer 数据库提供的 232 个不同 tRNA 衍生片段组成的归一化计数矩阵（La et al., 2019）。

这里，1 058 名患者同时具有临床数据、mRNA 基因表达水平、tRNA 衍生片段表达水平，被保留用于进一步分析。这组样本诊断时的平均年龄为 58.4 岁，最小年龄为 26 岁，最大年龄为 90 岁。表 4-1 统计了 1058 名患者的个体特征。有疾病分期（Disease stage）信息的 1 048 名患者中，大多数是早期就诊断出乳腺癌，其中 I 期 178 例，II 期 600 例，其他 270 名患者被诊断为晚期（III 或 IV）。1 056 名患者有组织学类型（Histological type）信息，其中 71.5% 为导管癌（Ductal），18.8% 为小叶癌（Lobular），4.9% 为混合癌，4.8% 为其他类型（Other）。1 009 名患者有明确的 ER 状态，其中 77.0% 为阳性，23.0% 为阴性。1006 名患者有明确的孕酮受体（Progesterone Receptor, PR）信息，67.0% 为阳性，33.0% 为阴性。700 名患者已知 HER2 信息，22.3% 是阳性，77.7% 是阴性。1 058 名患者的平均随访时间为 40.8 个月，具体的时间范围为 0~282.7 个月，其中 147 名患者在随访期间死亡。

表4-1 1 058名乳腺癌患者的个体特征

变量	样本量	占比（%）
疾病分期	1 048	—
Ⅰ期	178	17.0
Ⅱ期	600	57.3
Ⅲ或Ⅳ期	270	25.7
组织学类型	1 056	—
导管癌	755	71.5
小叶癌	198	18.8
混合癌	52	4.9
其他	51	4.8
ER 状态	1 009	—
阳性	777	77.0
阴性	232	23.0
PR 状态	1 006	—
阳性	674	67.0
阴性	332	33.0
HER2 状态	700	—
阳性	156	22.3
阴性	544	77.7

4.3 数据分析方法

本节介绍我们使用的统计分析方法以及功能通路分析。

4.3.1　统计分析

多变量 Cox 比例风险模型被用来评估 tRNA 衍生片段表达水平与乳腺癌患者总生存率之间的关系，这里调整了包括患者的诊断年龄、疾病阶段、组织学类型和 T 细胞活化状态在内的协变量。tRNA 衍生片段表达水平和 T 细胞活化评分在实际数据分析中都被视为分类变量。具体地，对于每一个 tRNA 衍生片段，我们以表达水平的中位数为临界点将患者分为高和低两组。T 细胞活化状态参考文献中的做法是分成激活组和衰竭组（Lu，Bai，and Wang，2017）。我们首先通过 Cox 回归模型对 tRNA 衍生片段进行一次过滤，即在单个 tRNA 衍生片段的回归分析时选择 p 值小于 0.05 的变量，这里也相应调整了协变量。接着，对于上述保留下来的 tRNA 衍生片段，我们利用向后逐步回归选择显著的 tRNA 衍生片段，同时获得相应调整后的风险比以及 95% 置信区间（Confidence Interval，CI）。进一步地，我们把 T 细胞活化状态和显著的 tRNA 衍生片段的交叉项纳入多变量 Cox 比例风险模型中，评估它们之间的相互作用。我们使用向后逐步回归确定最后的模型。注意，这里也可以利用 Lasso 等特征选择算法确定显著的 tRNA 衍生片段集合。此外，我们利用 Kaplan-Meier 生存曲线评估 tRNA 衍生片段在 T 细胞活化状态不同组别中对总生存率的影响，这里也检验了比例风险假设。对每个临床病理变量，我们使用 Wilcoxon 检验和 Kruskal-Wallis 检验评估不同病理类别的患者 tRNA 衍生片段表达水平是否存在差异。在所有统计分析中，p 值小于 0.05 即认为结果显著。

4.3.2　功能通路分析

为了解 tRNA 衍生片段在乳腺癌进展中的生物学功能，我们使用 Metacore 软件进行了功能通路分析（Dubovenko et al.，2017）。我们通过斯皮尔曼相关分析来评估 Cox 比例风险模型得到的显著的 tRNA 衍生片段表达水平与 mRNA 表达水平之间的相关性。Bonferroni 校正后 p 值小于 0.05

的正相关和负相关的基因分别被包含在通路分析中。我们还利用加权基因共表达网络分析方法构建基因相关网络并识别高度相关基因的模块（Langfelder and Horvath，2008）。在加权基因共表达网络分析中，我们首先对基因进行过滤，排除90%以上样本中没有变化（即每千碱基片段的标准差为0）或低表达的基因。然后，根据患者的基因表达水平对患者进行聚类并去掉样本异常值。最后，选择与每个tRNA衍生片段表达水平具有最高正相关系数或负相关系数并且p值小于0.001的模块中的基因进行通路分析。在本章的分析中，FDR小于0.05的通路被视为显著的。我们报告了显著且与基因模块存在不止一个重叠基因的途径（Yu et al.，2007）。

4.4　实际数据分析

本节进行实际数据分析，并对分析结果进行解释。

4.4.1　tRNA衍生片段与患者生存的相关性

我们评估每个tRNA衍生片段表达水平与乳腺癌患者总生存率的相关性，其中14个p值小于0.05的tRNA衍生片段被选择纳入多变量Cox比例风险模型中。经过向后逐步回归后，模型保留了8个tRNA衍生片段，这里参数估计调整了患者诊断时的年龄、疾病阶段、组织学类型和T细胞活化状态。其中，3个tRNA衍生片段（tRFdb-5024a、5P_ tRNA-Leu-CAA-4-1和ts-49）的表达水平与总生存率呈正相关，而ts-34和ts-58这两个tRNA衍生片段的表达水平与总生存率呈负相关（见表4-2和表B-1）。较高水平的tRFdb-5024a与死亡风险降低显著相关。对于高表达组和低表达组，调整后的风险比为0.52（95% CI：0.37~0.74，$p<0.001$）。较高水平的5P_ tRNA-Leu-CAA-4-1与死亡风险降低显著相关。对高表达组和低表达组，调整后的风险比为0.55（95% CI：0.35~0.87，p = 0.011）。较高水平的ts-34与死亡风险增加显著相关，高表达组和低表达

组调整后的风险比为 1.62（95% CI：1.08-2.44，$p = 0.019$）。较高水平的 ts-49 与死亡风险降低显著相关，高表达组和低表达组调整后的风险比为 0.40（95% CI：0.17~0.93，$p = 0.032$）。较高水平的 ts-58 与死亡风险增加显著相关，高表达组和低表达组调整后的风险比为 1.56（95% CI：1.10-2.20，$p = 0.013$）。与 T 细胞衰竭组相比，T 细胞激活组患者的总生存率更高，激活组与衰竭组调整后的风险比为 0.48（95% CI：0.27-0.83，$p = 0.009$）。

表 4-2　tRNA 衍生片段表达水平与总生存率的关系（部分结果）

变量	死亡		
	风险比	95% CI	p 值
T 细胞激活状态			
衰竭组	1.00		
激活组	0.48	0.27~0.83	0.009
tRFdb-5024a			
低	1.00		
高	0.52	0.37~0.74	$p < 0.001$
5P_ tRNA-Leu-CAA-4-1			
低	1.00		
高	0.55	0.35~0.87	0.011
ts-34			
低	1.00		
高	1.62	1.08~2.44	0.019
ts-49			
低	1.00		
高	0.40	0.17~0.93	0.032

续表

变量	死亡		
	风险比	**95% CI**	*p* 值
ts-58			
低	1.00		
高	1.56	1.10~2.20	0.013

4.4.2 患者生存中 T 细胞活化状态与 tRNA 衍生片段的相互作用

在多变量 Cox 比例风险模型中，我们评估 T 细胞活化状态与 tRNA 衍生片段表达的相互作用，并调整了患者诊断时的年龄、疾病阶段和组织学类型等协变量。经过模型选择后，两个交互项显著：T 细胞活化状态与 ts-34 的交互作用（$p = 0.040$）和 T 细胞活化状态与 ts-34 的交互作用（$p = 0.008$）（见表 4-3 和表 B-2）。我们发现 3 个 tRNA 衍生片段（tRFdb-5024a、5P_ tRNA-Leu-CAA-4-1 和 ts-58）仍然与总生存率显著相关。较高水平的 tRFdb-5024a 与死亡风险降低显著相关，高表达组和低表达组调整后的风险比为 0.50（95% CI：0.36~0.71，$p < 0.001$）。较高水平的 5P_ tRNA-Leu-CAA-4-1 与死亡风险降低显著相关，高表达组和低表达组调整后的风险比为 0.58（95% CI：0.37~0.92，$p = 0.021$）。较高水平的 ts-58 与死亡风险增加显著相关，高、低表达组调整后的风险比为 1.51（95% CI：1.07~2.12，$p = 0.018$）。

表 4-3 **T 细胞激活状态与 tRNA 衍生片段在全部样本中的交叉作用（部分结果）**

变量	死亡		
	风险比	**95% CI**	*p* 值
tRFdb-5024a			
低	1.00		
高	0.50	0.36~0.71	$p < 0.001$

续表

变量	死亡		
	风险比	95% CI	p 值
5P_ tRNA-Leu-CAA-4-1			
低	1.00		
高	0.58	0.37~0.92	0.021
ts-58			
低	1.00		
高	1.51	1.07~2.12	0.018
T 细胞激活状态 × ts-34	0.22	0.05~0.94	0.040
T 细胞激活状态 × ts-49	13.49	2.00~91.02	0.008

接着，我们研究了 tRNA 衍生片段表达水平在不同 T 细胞活化状态分层中与患者的总生存率之间的关系（见表 4-4 和表 B-3）。在 T 细胞衰竭组中，与 ts-34 表达水平高的患者相比，ts-34 表达水平低的患者的总生存期更好，如图 4-2（a）所示。低表达组（$N = 715$）与高表达组（$N = 174$）的五年生存率分别为 0.82（95% CI：0.78 N 0.87）和 0.71（95% CI：0.61~0.82）。高表达组和低表达组调整后的风险比为 2.13（95% CI：1.40~3.23，$p < 0.001$）。与此相反，在 T 细胞激活组中，高表达组和低表达组的总生存期没有显著的差异，如图 4-2（b）所示。低表达组（$N = 123$）与高表达组（$N = 46$）的五年生存率分别为 0.89（95% CI：0.81~0.98）和 0.97（95% CI：0.90~1.00）。高表达组和低表达组调整后的风险比为 0.18（95% CI：0.03~1.14，$p = 0.069$）。

表 4-4　T 细胞衰竭组、激活组中 tRNA 衍生片段与总生存率的关系（部分结果）

分组变量	变量	死亡		
		风险比	95% CI	p 值
	tRFdb-5024a			
T 细胞衰竭组	低	1.00		
	高	0.51	0.35~0.73	$p < 0.001$

续表

分组变量	变量	死亡		
		风险比	95% CI	*p* 值
	5P_ tRNA-Leu-CAA-4-1			
	低	1.00		
	高	0.54	0.33~0.88	0.014
	ts-58			
	低	1.00		
T 细胞衰竭组	高	1.58	1.10~2.26	0.013
	ts-34			
	低	1.00		
	高	2.13	1.40~3.23	*p* < 0.001
	ts-49			
	低	1.00		
	高	0.28	0.10~0.76	0.013
	ts-34			
	低	1.00		
T 细胞激活组	高	0.18	0.03~1.14	0.069
	ts-49			
	低	1.00		
	高	3.91	0.61~24.95	0.150

　　ts-49 高表达组与低表达组的总生存率在不同 T 细胞活化状态下存在差异。在 T 细胞衰竭组中，与 ts-49 表达水平低的患者相比，ts-49 表达水平高的患者的总生存期有所改善，如图 4-2（c）所示。低表达组（$N = 841$）的五年生存率为 0.79（95% CI：0.75 N 0.84），与高表达组（$N = 48$）的五年生存率为 0.89（95% CI：0.77~1.00）。对于高表达组和低表

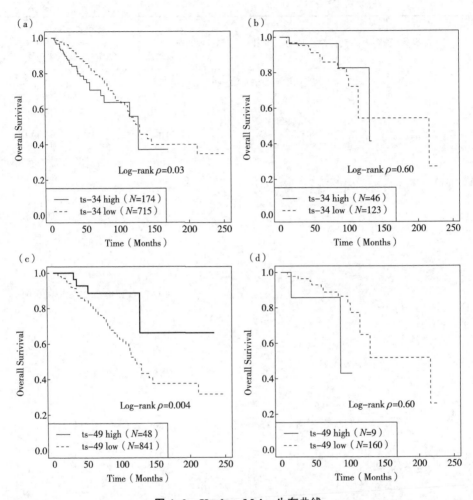

图 4-2　Kaplan-Meier 生存曲线

（a）和（b）分别为 T 细胞衰竭组、激活组中 ts-34 高表达组与低表达组的总生存率

（c）和（d）分别为 T 细胞衰竭组、激活组中 ts-49 高表达组与低表达组的总生存率

达组，调整后的风险比为 0.28（95% CI：0.10~0.76，p = 0.013）。与此相反，在 T 细胞激活组中，高表达组与低表达组的总生存期没有显著的差异，如图 4-2（d）所示。低表达组（N = 160）的五年生存率为 0.91（95% CI：0.85~0.98），高表达组（N = 9）的五年生存率为 0.86（95% CI：0.63~1.00）。高表达组和低表达组调整后的风险比为 3.91（95% CI：

$0.61 \sim 24.95$，$p = 0.150$）。

在 T 细胞衰竭组中，总生存期与 tRFdb-5024a、5P_ tRNA-Leu-CAA-4-1 和 ts-58 的相关关系仍然显著（见表 4-4），调整后的风险比分别为 0.51（95% CI：$0.35 \sim 0.73$，$p < 0.001$）、0.54（95% CI：$0.33 \sim 0.88$，$p = 0.014$）和 1.58（95% CI：$1.10 \sim 2.26$，$p = 0.013$）。与此相反，在 T 细胞激活组中，这 3 个 tRNA 衍生片段与总生存期均不显著相关。这些结果可以为不同特征的乳腺癌治疗提供参考，有可能在精准医疗研究中具有重大的转化价值。

4.4.3　tRNA 衍生片段与临床病理变量的相关性

我们评估了 5 种 tRNA 衍生片段的表达水平与临床病理变量之间的相关性，具体包括 ER 状态、PR 状态、HER2 状态、组织学类型和疾病阶段。我们发现 tRFdb-5024a 在不同组织学类型之间存在差异表达（$p = 2.508 \times 10^{-5}$）。ts-34 在 ER 阳性和阴性组之间存在差异表达（$p = 1.691 \times 10^{-6}$），在 PR 阳性和阴性组之间存在差异表达（$p = 1.424 \times 10^{-5}$）以及在 HER2 阳性和阴性组之间存在差异表达（$p = 0.023$）。ts-58 在 HER2 阳性和阴性组之间存在差异表达（$p = 1.473 \times 10^{-4}$）。疾病阶段和 ts-49 之间存在临界的显著相关（$p = 0.055$）。5P_ tRNA-Leu-CAA-4-1 在研究的这些临床变量之间都没有显著的差异表达。总的来说，这些结果有助于理解 tRNA 衍生片段与疾病病理的关系，有可能为临床治疗提供参考。

4.4.4　tRNA 衍生片段与 mRNA 的相关性

接下来，我们评估 5 个 tRNA 衍生片段的表达水平和 36 674 个 mRNA 表达水平之间的相关性，从而帮助理解 tRNA 衍生片段的基因调控机制。我们识别了 404 个与 tRFdb-5024a 正相关的基因，2 292 个与 tRFdb-5024a 负相关的基因，16 个与 5P_ tRNA-Leu-CAA-4-1 正相关的基因，2 个与 5P_ tRNA-Leu-CAA-4-1 负相关的基因，310 个与 ts-34 正相关的基因，

230 个与 ts-34 负相关的基因，280 个与 ts-58 正相关的基因，1 个与 ts-58 负相关的基因，没有基因与 ts-49 显著相关。值得一提的是，在此前研究中，我们发现在 404 个与 tRFdb-5024a 正相关的基因中，296 个基因是 tRFdb-5024a 的靶基因；在 2 292 个与 tRFdb-5024a 负相关的基因中，1 506 个基因是 tRFdb-5024a 的靶基因（Li et al., 2021）。

我们分别对与 4 个 tRNA 衍生片段表达水平正相关和负相关的基因进行了通路富集分析。对于 tRFdb-5024a，正相关的基因富集在 27 个通路中，负相关的基因富集在 405 个通路中。在正相关基因富集的前 10 个通路中，我们发现了与细胞周期相关的通路，如图 4-3（a）所示。负相关基因富集的前 10 个通路包括与上皮间质转化（EMT）、信号转导、细胞黏附和细胞外基质重塑以及细胞外基质调节的增殖相关的通路（FDR 分别为 4.05×10^{-12}、1.40×10^{-8}、1.48×10^{-8}、1.77×10^{-8}），如图 4-3（b）所示。对于 ts-34，正相关的基因富集于 33 个通路中，负相关的基因富集于 13 个通路中。正相关的基因主要富集在与细胞周期相关的通路，如图 4-3（c）所示，而负相关的基因主要富集在乳腺细胞发育和神经元细胞发育通路中，如图 4-3（d）所示。值得注意的是，最相关的通路是乳腺癌（一般模式）通路（FDR = 2.95×10^{-2}），其中 3 个基因与 ts-34 呈负相关。对于 ts-58，正相关的基因富集在 4 个通路中，而负相关基因没有发现显著富集的通路。依赖 MicroRNA 的 EMT 通路调控在乳腺癌通路中由 MicroRNA 调控的 TGF-bete 信号传导，如图 4-3（e）所示。在本研究中，我们没有发现与 ts-49 和 5P_ tRNA-Leu-CAA-4-1 有关的通路。

4.4.5　tRNA 衍生片段与基因模块的相关性

我们利用加权基因共表达网络分析构建基因共表达网络识别了与 tRNA 衍生片段表达水平高度相关的基因模块。38 个基因模块与 5 个 tRNA 衍生片段表达水平之间的相关图如图 4-4（a）所示。

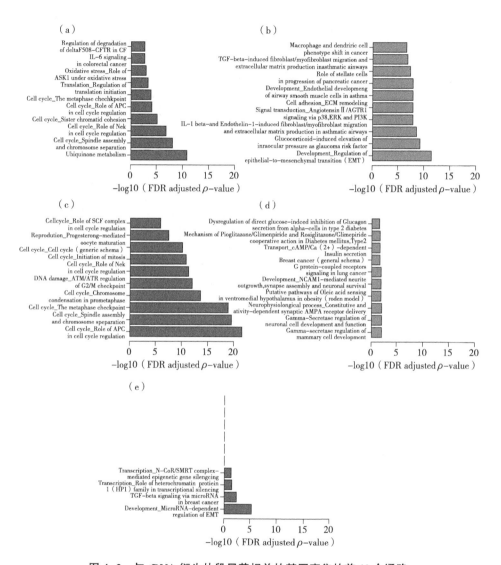

图 4-3　与 tRNA 衍生片段显著相关的基因富集的前 10 个通路

（a）和（b）分别为与 tRFdb-5024a 正相关、负相关的基因通路

（c）和（d）分别为与 ts-34 正相关、负相关的基因通路

（e）为与 ts-58 正相关的基因通路

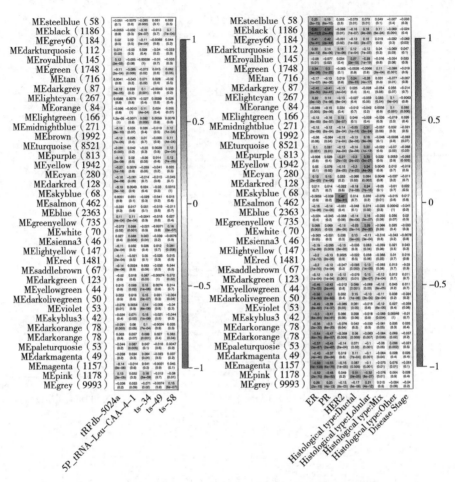

图 4-4　tRNA 衍生片段（a）和临床病理变量（b）与基因模块的相关图

行代表基因模块，列代表 tRNA 衍生片段或临床病理变量

每一个格子元素是相应的相关系数和 p 值

对于 tRFdb-5024a，粉色基因模块是正相关最强的模块（$r = 0.13$，$p = 3×10^{-5}$），黄色模块是负相关最强的模块（$r = -0.27$, $p = 1×10^{-19}$）。对于 5P_ tRNA-Leu-CAA-4-1，正相关最强的是蓝色模块（$r = 0.11$，$p = 5×10^{-4}$）。对于 ts-34，正相关最强的是粉色模块（$r = 0.18$, $p = 5×10^{-9}$），负相关最强的是绿黄色模块（$r = -0.16$, $p = 2×10^{-7}$）。对于与 5P_tRNA-Leu-CAA-4-1 和 ts-58 负相关的基因模块，我们观测到它们之

间的弱相关性，这一现象也与基因大多与5P_ tRNA-Leu-CAA-4-1 和 ts-58 正相关的现象一致。没有基因模块与 ts-49 显著相关。

图4-4（b）显示了基因模块与临床病例变量之间的相关性。粉色基因模块与 ER 状态（$r = -0.52, p = 2×10^{-70}$）、PR 状态（$p = 9×10^{-52}$）、导管亚型（$r = 0.31, p = 2×10^{-25}$）和小叶亚型（$r = -0.32, p = 8×10^{-27}$）显著相关。黄色模块与导管亚型（$r = -0.3, p = 1×10^{-23}$）和小叶亚型（$r = 0.34, p = 4×10^{-30}$）显著相关。黑色模块与 ER 状态（$r = 0.65, p = 1×10^{-122}$）和 PR 状态（$r = 0.57, p = 2×10^{-85}$）显著相关。这些结果与 tRFdb-5024a 和组织学类型以及 ts-34 和 ER 状态或 PR 状态之间显著相关性的结果相结合，进一步表明了 tRFdb-5024a 和 ts-34 在乳腺癌中潜在的生物学功能。

我们进行通路富集分析评估了与 tRNA 衍生片段表达水平相关的基因模块的生物学功能，发现粉色、黄色、黑色和绿黄色基因模块分别显著富集在 80、197、159、31 和 6 个通路中。对于 tRFdb-5024a，粉色模块中的基因在很大程度上富集在与细胞周期相关的通路中，如图 4-5（a）所示，这与 tRFdb-5024a 正相关基因富集的通路一致。在黄色基因模块富集的前 10 个通路中，我们也注意到与 tRFdb-5024a 负相关基因富集的信号转导通路，如图 4-5（b）所示。对于 5P_ tRNA-Leu-CAA-4-1，含有 22 个基因的蓝色模块富集于泛醌代谢通路（FDR = $3.72×10^{-10}$），如图 4-5（c）所示，一些基因（如 NDUFB1、NDUFB2 和 NDUFB7）曾经被研究发现对乳腺癌患者具有显著的预后价值（Li et al., 2015）。对于 ts-34，粉色模块的通路富集分析的结果显示，前 10 条通路中有多个与细胞周期功能相关，如图 4-5（d）所示；这与 ts-34 正相关基因富集的通路结果一致。乳腺癌（一般模式）通路是黑色基因模块富集通路中的前 10 个通路之一，这与 ts-34 负相关基因富集的通路结果一致。值得注意的是，我们发现黑色模块中的基因也显著地富集于与乳腺癌相关的通路，如在乳腺癌中的孕酮受体（PR）作用：刺激细胞生长和增殖的通路（FDR = $9.05×10^{-3}$）、乳腺癌中抑制 LKB1 和 AMPK 的信号传导的通路（FDR = $1.37×10^{-2}$）和乳腺

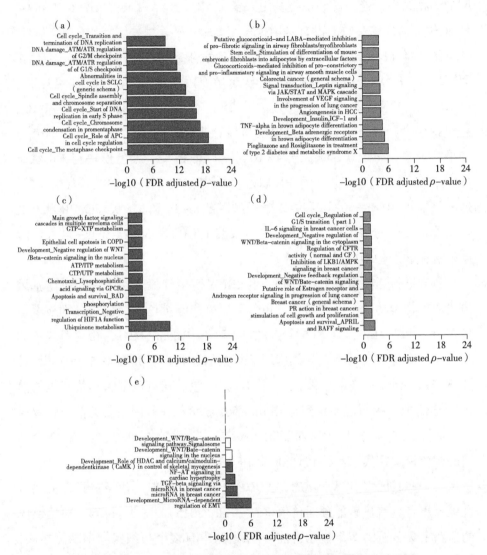

图 4-5 与 tRNA 衍生片段显著相关的基因模块富集的前 10 个通路

(a) 粉色基因模块，(b) 黄色基因模块，(c) 蓝色基因模块，

(d) 黑色基因模块，(e) 绿黄色基因模块

癌细胞中的 IL6 信号传导的通路（FRD = 2.48×10⁻²）。对于 ts-58，绿黄色基因模块富集于最显著的两个通路，如图 4-5（e）所示，EMT 的 MicroRNA 依赖性调控和乳腺癌中的 TGF-beta 信号传导；这也与 ts-58 正

相关基因的通路富集分析结果一致。基于此，我们发现直接利用基因与利用模块的通路分析结果具有一致性，此外，利用模块的通路分析还识别了一些与乳腺癌密切相关的通路。

4.5　本章小结

tRNA 衍生片段曾经被发现在一些人类癌症中失调，如前列腺癌、结肠癌、肺癌和乳腺癌（Olvedy et al.，2016；Huang et al.，2017a；Shao et al.，2017；Telonis and Rigoutsos，2018）。然而，对 tRNA 衍生片段在癌症中的生物学机制的认知仍处于起步阶段。在本章的研究中，我们探讨了 tRNA 衍生片段及其与 T 细胞活化状态的相互作用对乳腺癌患者总生存率的影响。同时，我们识别了与 tRNA 衍生片段表达显著相关的基因和基因模块。通过通路富集分析，为认识 tRNA 衍生片段的生物学功能提供了有价值的参考。

据我们所知，这是第一次尝试使用 TCGA 中可获得的大样本数据研究 tRNA 衍生片段表达与 T 细胞活化状态之间的相互作用是如何影响乳腺癌患者生存的。我们对多种数据类型（包括 mRNA 表达水平、tRNA 衍生片段表达水平以及临床信息）进行数据挖掘。我们的研究结果表明 tRFdb-5024a、5P_ tRNA-Leu-CAA-4-1 和 ts-49 与患者总生存率呈正相关，而 ts-34 和 ts-58 呈负相关。ts-34 和 ts-49 与 T 细胞活化状态具有显著的交叉作用。在 T 细胞衰竭组中，ts-34 水平低和 ts-49 水平高的患者具有更好的总生存率。然而在 T 细胞激活组中，ts-34 和 ts-49 的高表达和低表达之间的总生存率没有显著的差异。这些发现表明 tRNA 衍生片段表达对患者生存的影响不同与 T 细胞活化状态相关。我们还观测到 tRFdb-5024a 与组织学类型显著相关，ts-34 与 ER、PR、HER2 状态显著相关，ts-58 与 HER2 状态显著相关。这些结果为理解 tRFdb-5024a、ts-34 和 ts-58 在乳腺癌中的生物学功能提供了有力的支撑。

斯皮尔曼相关分析表明 tRFdb-5024a 主要下调基因表达，而 5P_

tRNA-Leu-CAA-4-1、ts-34 和 ts-58 主要上调基因表达。我们发现，影响乳腺癌患者生存的 tRNA 衍生片段显著相关的基因模块可能参与了人类癌症的各种生物学进程，包括细胞周期、EMT、细胞外基质调节的增殖、信号转导、神经元细胞发育和乳腺细胞发育。我们的研究表明，与 tRFdb-5024a 负相关的基因（如 *TGF-beta*1 和 *TGF-beta*3）富集在 EMT 的发育调控、细胞外基质调节的增殖相关的通路中。EMT 是人类癌症的一个标志，即获得了促进癌症进展和转移的癌症干细胞特征（Weidenfeld and Barkan, 2018）。细胞外基质是肿瘤微环境的主要结构成分，是癌症干细胞的生态空间。它影响免疫细胞的募集，损害 T 细胞的增殖和活化，并诱导 EMT（Nallanthighal, Heiserman, and Cheon, 2019）。已有研究表明，依赖细胞外基质的细胞黏附被破坏可能导致细胞运动和循环肿瘤细胞增加，从而导致乳腺癌的复发和死亡风险的升高（Todorović et al., 2010; Lu et al., 2015）。与 tRFdb-5024a 和 ts-34 显著正相关的基因富集于 APC 在细胞周期中作用的细胞周期调控通路，这表明 tRFdb-5024a 和 ts-34 可能靶向细胞周期通路中不同的基因。细胞周期相关的基因包括癌基因和抑癌基因，例如后期促进复合物或环体（APC/C）是一种 E3 泛素连接酶，通过降解 CDK 发挥肿瘤抑制作用（Barnum and O'Connell, 2014）。然而，此前也有报道称 *CDK*1 基因的高表达与较差的生存率有关（Lu et al., 2020）。因此，需要进一步研究 tRFdb-5024a 和 ts-34 到底是靶向细胞周期通路中的哪些基因。有趣的是，我们发现 ts-34 下调基因在乳腺癌（一般模式）通路中富集，其中 PGR 缺乏表达与较差的生存率相关。同样，加权基因共表达网络分析也表明与 ts-34 负相关的黑色基因模块富集在乳腺癌中的孕酮受体（PR）作用：刺激细胞增长和增殖的通路。ESR1 和 PGR 的缺失显示出对激素治疗的抵抗以及更高的死亡风险（Dunnwald, Rossing, and Li, 2007; Purdie et al., 2014）。与 ts-58 正相关的基因和绿黄色基因模块都富集于两个通路：EMT 的 MicroRNA 依赖性调控通路和乳腺癌中通过 MicroRNA 的 TGF-beta 信号传导通路。这与已有研究中报道的 TGF-beta 和 miR-21 高表达与乳腺癌预后不良呈正相关的结果一致（Mu et al., 2008; Qian et al.,

2009）。这其中潜在的机制可能涉及对 EMT 通路的 MicroRNA 依赖性调节作用和乳腺癌中通过 MicroRNA 的 TGF-beta 信号传导作用的上调，这一机制通过促进 EMT 过程增加转移（Xu et al., 2012）。此外，加权基因共表达网络分析的结果也提供了对 5P_ tRNA-Leu-CAA-4-1 的新认知。与 5P_ tRNA-Leu-CAA-4-1 正相关的蓝色基因模块富集于泛醌代谢通路，其中 NDUFB2 的高表达在乳腺癌患者中具有更好的预后价值（Li et al., 2015）。我们在图 4-6 中具体说明了本研究中影响乳腺癌患者总生存率的 tRNA 衍生片段在乳腺癌进展中潜在的分子作用机制。ts-49 的生物学功能仍然有待于进一步探究。

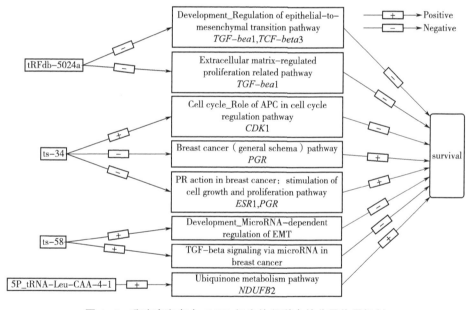

图 4-6　乳腺癌患者中 tRNA 衍生片段潜在的分子作用机制

当然，该研究也值得进一步探索。第一，本次分析中涉及的乳腺癌患者只有一小部分可以获得分子亚型信息，这使得我们无法将其纳入模型中。至于 tRNA 衍生片段表达及其与 T 细胞活化状态之间的相互作用是否影响患者生存以及如何随着不同分子亚型产生不同的影响，这些仍值得研究。第二，本研究使用向后逐步回归选择显著的 tRNA 衍生片段，我们可尝试 Lasso 等特征选择算法，或许能够获得更好的显著 tRNA 衍生片段集合。第三，本研究没有化疗信息，因此我们不能将化疗信息作为协变量纳入 Cox 比例风险模型中。因此，需要谨慎地对结果进行解释和总结。然而，由于乳腺癌标准治疗是手术切除，然后对所有患者进行辅助化疗（除了一些患者病得太严重而无法忍受化疗），因此导致临床实践中没有化疗的患者比例相对较小。鉴于本研究中的样本量相对较大，我们分析得到的结果基本上是稳健的。

总之，在这项研究中，我们整合了多种数据类型来阐明 tRNA 衍生片段表达及其与 T 细胞活化状态之间的相互作用对乳腺癌患者总生存率的影响，并揭示了 tRNA 衍生片段具有统计学显著的生物学相关性。我们识别了 5 个与乳腺癌患者总生存率显著相关的 tRNA 衍生片段，尤其在 T 细胞衰竭组中。这也意味着这 5 个 tRNA 衍生片段将来可能成为提高患者总生存率的治疗靶点，并可能为乳腺癌免疫治疗提供参考，对精准医学研究和临床应用具有潜在的重大转化价值。

第5章 总结与展望

5.1 研究总结

复杂疾病的遗传机制研究和遗传风险预测对于疾病的诊断、治疗和预防具有很强的实际应用价值和理论指导意义（Torkamani, Wineinger, and Topol, 2018）。本书提出了多重中介模型识别介导的 trans-eQTL 用于理解疾病遗传机制、建立转录风险评分用于疾病风险预测，最后对乳腺癌患者的组学数据进行了挖掘分析。

基因调控的研究对理解复杂疾病的遗传机制具有重要的意义，而 eQTL 图谱分析是认识基因调控的重要途径。相比 cis-eQTL，trans-eQTL 效应小、更难识别，而且调控机制尚不清楚。已有研究表明 trans-eQTL 可能是通过改变附近基因的表达进而影响远处基因的表达。单一中介模型被用来研究反式相关关系。然而，考虑到基因之间存在的相关性，单一中介变量设定容易引起模型误定。我们注意到在 GTEx 数据库中，trans-eQTL 更可能与多个附近基因的表达相关。基于此，我们提出一种统计计算方法，旨在识别涉及多个中介变量的 trans-eQTL。我们定义了两种效应（总中介效应和分量中介效应），将 trans-eQTL 的识别问题转化为假设检验问题，并给出了统计推断方法。在模拟数据中，尽管存在模型误定，两种检验第一类错误基本能被控制。当分量中介效应方向相同时，检验总中介效应更有效；当分量中介效应方向相反时，检验分量中介效应会更有效。多重中介模型提高了识别介导的 trans-eQTL 的统计功效，大样本时改进更明显。在实际数据中，相比单一中介模型，我们识别了 11 个新的介导的

trans-eQTL。有意思的是，我们发现与性状显著相关的 SNP 在介导的 trans-eQTL 中具有富集效应，这有助于理解疾病的遗传调控机制。

复杂疾病的遗传风险预测在精准医学研究和临床应用中有重大的转化价值。多基因风险评分被广泛应用于复杂疾病风险预测中。很多研究尝试利用高维统计方法或者引入外部信息（如 SNP 之间的 LD、功能注释信息和基因多效性），优化基因风险评分的表现，但预测能力有限。我们提出一种新型灵活的转录风险评分，即基因表达预测值的加权求和，有效整合了 eQTL 和 GWAS 数据。在模拟数据中，我们发现单组织转录风险评分比现有方法预测功效高，尤其是当基因表达水平对性状影响较大时提高更明显。当多个组织对疾病风险有独立贡献时，多组织转录风险评分有助于改进预测功效。在实际数据中，单组织转录风险评分方法一致地优于现有方法。多组织转录风险评分的表现与性状相关。此外，当相应的参考数据可以获得时，我们的方法能够很容易迁移到蛋白组等其他组学风险评分的构建。

最后，我们对乳腺癌患者的组学数据进行挖掘分析，研究 tRNA 衍生片段表达对乳腺癌患者生存的影响和作用机制。现有文献表明效应 CD8$^+$T 细胞的活化及其细胞毒作用有助于提高乳腺癌患者的生存，tRNA 衍生片段会参与癌症进展的基因调控。然而，它们之间的相互作用如何影响乳腺癌患者生存尚不清楚。我们利用 Kaplan-Meier 生存分析和多变量 Cox 回归模型评估 tRNA 衍生片段表达与 T 细胞活化之间的交互作用对腺癌患者生存的影响。我们利用斯皮尔曼相关分析和加权基因共表达网络分析方法识别与 tRNA 衍生片段相关的基因和通路。该研究能够促进对乳腺癌中 tRNA 衍生片段的生物学功能的认知，同时也将为乳腺癌患者的精准治疗提供参考。

5.2　未来研究展望

基于本书，在复杂疾病多组学数据的统计建模和计算方面还有一些值得探索的方向：在识别介导的 trans-eQTL 时建立的多重中介模型完全是数据驱动的。如果将基因调控网络或基因通路的信息考虑进来，则将有助于更好地解释识别信号的作用机制。此外，关于复杂疾病遗传机制的研究，除了基因调控环节，蛋白质作为连接基因型到表现型的中间变量，有关基因表达如何影响蛋白质表达这一问题的研究也至关重要。

在转录风险评分的构造中，我们使用的基因预测值是基于经典的方法 PrediXcan 预测的，正如 1.1.4 节提到的目前也有一些研究致力于改进基因表达的预测，这是否能够提升转录风险评分的疾病预测效果值得探究；同时，构建转录风险评分时，我们包含了所有基因预测值，如何进行适当有效的基因选择也值得探究；此外，本书使用的疾病风险预测模型都是线性模型，神经网络模型等一些非线性模型的表现值得探索。

在乳腺癌患者生存分析的模型中，我们主要包括了一些临床变量和 tRNA 衍生片段表达数据。此外，还有一些组学数据（如单核苷酸变异、甲基化数据等）可用来一起探索多组学作用机制。同时，更有效的特征选择算法也值得关注。当然，为使结果更稳健，在多个乳腺癌数据集上的探索和验证也是非常有意义和必要的。

参考文献

［1］1000 Genomes Project Consortium. An integrated map of genetic variation from 1, 092 human genomes ［J］. Nature, 2012, 491 (7422): 56-65.

［2］1000 Genomes Project Consortium. A global reference for human genetic variation ［J］. Nature, 2015, 526 (7571): 68.

［3］Albiñana C, Zhu Z, Schork A J, et al. Multi-PGS enhances polygenic prediction by combining 937 polygenic scores ［J］. Nature Communications, 2023, 14 (1): 4702.

［4］Anderson C A, Pettersson F H, Clarke G M, et al. Data quality control in genetic case-control association studies ［J］. Nature Protocols, 2010, 5 (9): 1564-1573.

［5］Balatti V, Nigita G, Veneziano D, et al. tsRNA signatures in cancer ［J］. Proceedings of the National Academy of Sciences, 2017, 114 (30): 8071-8076.

［6］Banerjee S, Simonetti F L, Detrois K E, et al. Tejaas: reverse regression increases power for detecting trans-eQTLs ［J］. Genome Biology, 2021, 22 (1): 142.

［7］Barbeira A N, Dickinson S P, Bonazzola R, et al. Exploring the phenotypic consequences of tissue specific gene expression variation inferred from GWAS summary statistics ［J］. Nature Communications, 2018, 9 (1): 1-20.

［8］Barbeira A N, Pividori M, Zheng J, et al. Integrating predicted transcriptome from multiple tissues improves association detection ［J］. PLoS

Genetics, 2019, 15（1）：e1007889.

［9］Barnum K J, O'Connell M J. Cell cycle regulation by checkpoints ［M］. Cell cycle control. Humana Press, New York, NY, 2014：29-40.

［10］Battle A, Brown C D, Engelhardt B E, et al. Genetic effects on gene expression across human tissues ［J］. Nature, 2017, 550（7675）：204-213.

［11］Battle A, Mostafavi S, Zhu X, et al. Characterizing the genetic basis of transcriptome diversity through RNA-sequencing of 922 individuals ［J］. Genome Research, 2014, 24（1）：14-24.

［12］Benjamini Y, Hochberg Y. Controlling the false discovery rate：a practical and powerful approach to multiple testing ［J］. Journal of the Royal Statistical Society：Series B（Methodological）, 1995, 57（1）：289-300.

［13］Beutler B A. TLRs and innate immunity ［J］. Blood, The Journal of the American Society of Hematology, 2009, 113（7）：1399-1407.

［14］Bhattacharya A, Li Y, Love M I. MOSTWAS：multi-omic strategies for transcriptome-wide association studies ［J］. PLoS Genetics, 2021, 17（3）：e1009398.

［15］Brandes N, Linial N, Linial M. PWAS：proteome-wide association study-linking genes and phenotypes by functional variation in proteins ［J］. Genome Biology, 2020, 21（1）：1-22.

［16］Brynedal B, Choi J M, Raj T, et al. Large-scale trans-eQTLs affect hundreds of transcripts and mediate patterns of transcriptional co-regulation ［J］. The American Journal of Human Genetics, 2017, 100（4）：581-591.

［17］Buniello A, MacArthur J A L, Cerezo M, et al. The NHGRI-EBI GWAS Catalog of published genome-wide association studies, targeted arrays and summary statistics 2019 ［J］. Nucleic Acids Research, 2019, 47（D1）：D1005-D1012.

［18］Campagna M P, Xavier A, Lechner-Scott J, et al. Epigenome-wide association studies：current knowledge, strategies and recommendations ［J］.

Clinical Epigenetics, 2021, 13 (1): 1-24.

[19] Chan P P, Lowe T M. GtRNAdb 2.0: an expanded database of transfer RNA genes identified in complete and draft genomes [J]. Nucleic Acids Research, 2016, 44 (D1): D184-D189.

[20] Chatterjee N, Shi J, García-Closas M. Developing and evaluating polygenic risk prediction models for stratified disease prevention [J]. Nature Reviews Genetics, 2016, 17 (7): 392-406.

[21] Chen G B, Lee S H, Brion M J A, et al. Estimation and partitioning of (co) heritability of inflammatory bowel disease from GWAS and immunochip data [J]. Human Molecular Genetics, 2014, 23 (17): 4710-4720.

[22] Chen T H, Chatterjee N, Landi M T, et al. A penalized regression framework for building polygenic risk models based on summary statistics from genome-wide association studies and incorporating external information [J]. Journal of the American Statistical Association, 2021, 116 (533): 133-143.

[23] Chen X, Shi X, Xu X, et al. A two-graph guided multi-task lasso approach for eqtl mapping [C]. Artificial intelligence and statistics. PMLR, 2012: 208-217.

[24] Cheng W, Shi Y, Zhang X, et al. Sparse regression models for unraveling group and individual associations in eQTL mapping [J]. BMC Bioinformatics, 2016, 17 (1): 1-11.

[25] Choi S W, Mak T S H, O'Reilly P F. Tutorial: a guide to performing polygenic risk score analyses [J]. Nature Protocols, 2020, 15 (9): 2759-2772.

[26] Chung W, Chen J, Turman C, et al. Efficient cross-trait penalized regression increases prediction accuracy in large cohorts using secondary phenotypes [J]. Nature Communications, 2019, 10 (1): 1-11.

[27] Coram M A, Fang H, Candille S I, et al. Leveraging multi-ethnic evidence for risk assessment of quantitative traits in minority populations [J].

The American Journal of Human Genetics, 2017, 101 (2): 218-226.

[28] Cox M G, Kisbu-Sakarya Y, Miočević M, et al. Sensitivity plots for confounder bias in the single mediator model [J]. Evaluation Review, 2013, 37 (5): 405-431.

[29] Craig J. Complex diseases: research and applications [J]. Nature Education, 2008, 1 (1): 184.

[30] Dai J, Shen W, Wen W, et al. Estimation of heritability for nine common cancers using data from genome-wide association studies in Chinese population [J]. International Journal of Cancer, 2017, 140 (2): 329-336.

[31] Das S, Forer L, Schönherr S, et al. Next-generation genotype imputation service and methods [J]. Nature Genetics, 2016, 48 (10): 1284-1287.

[32] Delaneau O, Marchini J, Zagury J F. A linear complexity phasing method for thousands of genomes [J]. Nature Methods, 2012, 9 (2): 179-181.

[33] Dhahbi J M, Spindler S R, Atamna H, et al. Deep sequencing of serum small RNAs identifies patterns of 5′ tRNA half and YRNA fragment expression associated with breast cancer [J]. Biomarkers in Cancer, 2014, 6: BIC. S20764.

[34] Dhahbi J M. 5′ tRNA halves: the next generation of immune signaling molecules [J]. Frontiers in Immunology, 2015, 6: 74.

[35] Dowell R D, Ryan O, Jansen A, et al. Genotype to phenotype: a complex problem [J]. Science, 2010, 328: 469

[36] Dubovenko A, Nikolsky Y, Rakhmatulin E, et al. Functional analysis of OMICs data and small molecule compounds in an integrated "knowledge-based" platform [M]. Biological Networks and Pathway Analysis. Humana Press, New York, NY, 2017: 101-124.

[37] Dudbridge F. Power and predictive accuracy of polygenic risk scores

［J］. PLoS Genetics, 2013, 9（3）：e1003348.

［38］Dunnwald L K, Rossing M A, Li C I. Hormone receptor status, tumor characteristics, and prognosis：a prospective cohort of breast cancer patients［J］. Breast Cancer Research, 2007, 9（1）：1-10.

［39］Eyre S, Bowes J, Diogo D, et al. High-density genetic mapping identifies new susceptibility loci for rheumatoid arthritis［J］. Nature Genetics, 2012, 44（12）：1336-1340.

［40］Feng H, Mancuso N, Gusev A, et al. Leveraging expression from multiple tissues using sparse canonical correlation analysis and aggregate tests improves the power of transcriptome-wide association studies［J］. PLoS Genetics, 2021, 17（4）：e1008973.

［41］Feng W, Li Y, Chu J, et al. Identification of tRNA-derived small noncoding RNA s as potential biomarkers for prediction of recurrence in triple-negative breast cancer［J］. Cancer Medicine, 2018, 7（10）：5130-5144.

［42］Finucane H K, Bulik-Sullivan B, Gusev A, et al. Partitioning heritability by functional annotation using genome-wide association summary statistics［J］. Nature Genetics, 2015, 47（11）：1228-1235.

［43］Flutre T, Wen X, Pritchard J, et al. A statistical framework for joint eQTL analysis in multiple tissues［J］. PLoS Genetics, 2013, 9（5）：e1003486.

［44］Franke A, McGovern D P B, Barrett J C, et al. Genome-wide meta-analysis increases to 71 the number of confirmed Crohn´s disease susceptibility loci［J］. Nature Genetics, 2010, 42（12）：1118-1125.

［45］Fritz M S, Taylor A B, MacKinnon D P. Explanation of two anomalous results instatistical mediation analysis［J］. Multivariate Behavioral Research, 2012, 47（1）：61-87.

［46］Gamazon E R, Wheeler H E, Shah K P, et al. A gene-based association method for mapping traits using reference transcriptome data［J］.

Nature Genetics, 2015, 47 (9): 1091-1098.

［47］Ge T, Chen C Y, Ni Y, et al. Polygenic prediction via Bayesian regression and continuous shrinkage priors ［J］. Nature Communications, 2019, 10 (1): 1-10.

［48］Gentleman R C, Carey V J, Bates D M, et al. Bioconductor: open software development for computational biology and bioinformatics ［J］. Genome Biology, 2004, 5 (10): 1-16.

［49］Geremia A, Biancheri P, Allan P, et al. Innate and adaptive immunity in inflammatory bowel disease ［J］. Autoimmunity Reviews, 2014, 13 (1): 3-10.

［50］Gierut A, Perlman H, Pope R M. Innate immunity and rheumatoid arthritis ［J］. Rheumatic Disease Clinics, 2010, 36 (2): 271-296.

［51］Gilad Y, Rifkin S A, Pritchard J K. Revealing the architecture of gene regulation: the promise of eQTL studies ［J］. Trends in Genetics, 2008, 24 (8): 408-415.

［52］Goodarzi H, Liu X, Nguyen H C B, et al. Endogenous tRNA-derived fragments suppress breast cancer progression via YBX1 displacement ［J］. Cell, 2015, 161 (4): 790-802.

［53］Grassi E, Mariella E, Forneris M, et al. A functional strategy to characterize expression Quantitative Trait Loci ［J］. Human Genetics, 2017, 136 (11): 1477-1487.

［54］Grinde K E, Qi Q, Thornton T A, et al. Generalizing polygenic risk scores from Europeans to Hispanics/Latinos ［J］. Genetic Epidemiology, 2019, 43 (1): 50-62.

［55］GTEx Consortium. The GTEx Consortium atlas of genetic regulatory effects across human tissues ［J］. Science, 2020, 369 (6509): 1318-1330.

［56］Gusev A, Ko A, Shi H, et al. Integrative approaches for large-scale transcriptome-wide association studies ［J］. Nature Genetics, 2016, 48 (3):

245-252.

[57] Gusev A, Mancuso N, Won H, et al. Transcriptome - wide association study of schizophrenia and chromatin activity yields mechanistic disease insights [J]. Nature Genetics, 2018, 50 (4): 538-548.

[58] Hawkins R D, Hon G C, Ren B. Next-generation genomics: an integrative approach [J]. Nature Reviews Genetics, 2010, 11 (7): 476-486.

[59] Honda S, Loher P, Shigematsu M, et al. Sex hormone-dependent tRNA halves enhance cell proliferation in breast and prostate cancers [J]. Proceedings of the National Academy of Sciences, 2015, 112 (29): E3816-E3825.

[60] Hore V, Vinuela A, Buil A, et al. Tensor decomposition for multiple-tissue gene expression experiments [J]. Nature Genetics, 2016, 48 (9): 1094-1100.

[61] Hu Y, Lu Q, Liu W, et al. Joint modeling of genetically correlated diseases and functional annotations increases accuracy of polygenic risk prediction [J]. PLoS Genetics, 2017a, 13 (6): e1006836.

[62] Hu Y, Lu Q, Powles R, et al. Leveraging functional annotations in genetic risk prediction for human complex diseases [J]. PLoS Computational Biology, 2017b, 13 (6): e1005589.

[63] Hu Y, Li M, Lu Q, et al. A statistical framework for cross-tissue transcriptome-wide association analysis [J]. Nature Genetics, 2019, 51 (3): 568-576.

[64] Huang B, Yang H, Cheng X, et al. tRF/miR-1280 suppresses stem cell-like cells and metastasis in colorectal cancer [J]. Cancer Research, 2017a, 77 (12): 3194-3206.

[65] Huang Y T. Integrative modeling of multi-platform genomic data under the framework of mediation analysis [J]. Statistics in Medicine, 2015, 34 (1): 162-178.

［66］Huang Y T, Pan W C. Hypothesis test of mediation effect in causal mediation model with high-dimensional continuous mediators ［J］. Biometrics, 2016, 72 (2): 402-413.

［67］Huang Y T, Yang H I. Causal mediation analysis of survival outcome with multiple mediators ［J］. Epidemiology (Cambridge, Mass.), 2017b, 28 (3): 370.

［68］Imai K, Keele L, Yamamoto T. Identification, inference and sensitivity analysis for causal mediation effects ［J］. Statistical Science, 2010, 25 (1): 51-71.

［69］International HapMap 3 Consortium. Integrating common and rare genetic variation in diverse human populations ［J］. Nature, 2010, 467 (7311): 52.

［70］Kim S, Becker J, Bechheim M, et al. Characterizing the genetic basis of innate immune response in TLR4-activated human monocytes ［J］. Nature Communications, 2014, 5 (1): 1-7.

［71］Klein R J, Zeiss C, Chew E Y, et al. Complement factor H polymorphism in age-related macular degeneration ［J］. Science, 2005, 308 (5720): 385-389.

［72］Koboldt D, Fulton R, McLellan M, et al. Comprehensive molecular portraits of human breast tumours ［J］. Nature, 2012, 490 (7418): 61-70.

［73］Krapohl E, Patel H, Newhouse S, et al. Multi-polygenic score approach to trait prediction ［J］. Molecular Psychiatry, 2018, 23 (5): 1368-1374.

［74］Kumar P, Kuscu C, Dutta A. Biogenesis and Function of Transfer RNA-Related Fragments (tRFs) ［J］. TRENDS IN BIOCHEMICAL SCIENCES, 2016, 41 (8): 679-689.

［75］Kumar P, Anaya J, Mudunuri S B, et al. Meta-analysis of tRNA derived RNA fragments reveals that they are evolutionarily conserved and associate with AGO proteins to recognize specific RNA targets [J]. BMC biology, 2014, 12: 78.

[76] La Ferlita A, Alaimo S, Veneziano D, et al. Identification of tRNA-derived ncRNAs in TCGA and NCI-60 panel cell lines and development of the public database tRFexplorer [J]. Database, 2019.

[77] Laird N M, Lange C. The fundamentals of modern statistical genetics [M]. New York: Springer, 2011.

[78] Langfelder P, Horvath S. WGCNA: an R package for weighted correlation network analysis [J]. BMC Bioinformatics, 2008, 9 (1): 1-13.

[79] Lappalainen T, Sammeth M, Friedländer M R, et al. Transcriptome and genome sequencing uncovers functional variation in humans [J]. Nature, 2013, 501 (7468): 506-511.

[80] Laurie C C, Doheny K F, Mirel D B, et al. Quality control and quality assurance in genotypic data for genome-wide association studies [J]. Genetic Epidemiology, 2010, 34 (6): 591-602.

[81] Lee C. Genome-wide expression quantitative trait loci analysis using mixed models [J]. Frontiers in Genetics, 2018: 341.

[82] Lee C. Bayesian Inference for Mixed Model-Based Genome-Wide Analysis of Expression Quantitative Trait Loci by Gibbs Sampling [J]. Frontiers in Genetics, 2019, 10: 199.

[83] Li G, Jima D, Wright F A, et al. HT-eQTL: integrative expression quantitative trait loci analysis in a large number of human tissues [J]. BMC Bioinformatics, 2018a, 19 (1): 1-11.

[84] Li G, Shabalin A A, Rusyn I, et al. An empirical Bayes approach for multiple tissue eQTL analysis [J]. Biostatistics, 2018b, 19 (3): 391-406.

[85] Li L D, Sun H F, Liu X X, et al. Down-regulation of NDUFB9 promotes breast cancer cell proliferation, metastasis by mediating mitochondrial

metabolism [J]. PloS One, 2015, 10 (12): e0144441.

[86] Li N, Shan N, Lu L, et al. tRFtarget: a database for transfer RNA-derived fragment targets [J]. Nucleic Acids Research, 2021, 49 (D1): D254-60.

[87] Li S, Xu Z, Sheng J. tRNA-derived small RNA: a novel regulatory small non-coding RNA [J]. Genes, 2018, 9 (5): 246.

[88] Liu X, Mefford, J A, Dahl A, et al. GBAT: a gene-based association test for robust detection of trans-gene regulation [J]. Genome biology, 2020, 21 (1): 211.

[89] Liu L, Zeng P, Xue F, et al. Multi-trait transcriptome-wide association studies with probabilistic Mendelian randomization [J]. The American Journal of Human Genetics, 2021, 108 (2): 240-256.

[90] Liu Z, Shen J, Barfield R, et al. Large-scale hypothesis testing for causal mediation effects with applications in genome-wide epigenetic studies [J]. Journal of the American Statistical Association, 2022, 117 (537): 67-81.

[91] Lloyd-Jones L R, Holloway A, McRae A, et al. The genetic architecture of gene expression in peripheral blood [J]. The American Journal of Human Genetics, 2017, 100 (2): 228-237.

[92] Lloyd-Jones L R, Zeng J, Sidorenko J, et al. Improved polygenic prediction by Bayesian multiple regression on summary statistics [J]. Nature Communications, 2019, 10 (1): 1-11.

[93] Lu L, Zeng H, Gu X, et al. Circulating tumor cell clusters-associated gene plakoglobin and breast cancer survival [J]. Breast Cancer Research and Treatment, 2015, 151 (3): 491-500.

[94] Lu L, Bai Y, Wang Z. Elevated T cell activation score is associated with improved survival of breast cancer [J]. Breast Cancer Research and Treatment, 2017, 164 (3): 689-696.

[95] Lu L, Huang H, Zhou J, et al. BRCA1 mRNA expression modifies

the effect of T cell activation score on patient survival in breast cancer [J]. BMC Cancer, 2019, 19 (1): 1-11.

[96] Lu Q, Hu Y, Sun J, et al. A statistical framework to predict functional non-coding regions in the human genome through integrated analysis of annotation data [J]. Scientific Reports, 2015, 5 (1): 1-13.

[97] Lu Q, Powles R L, Wang Q, et al. Integrative tissue – specific functional annotations in the human genome provide novel insights on many complex traits and improve signal prioritization in genome wide association studies [J]. PLoS Genetics, 2016, 12 (4): e1005947.

[98] Lu Y, Yang G, Xiao Y, et al. Upregulated cyclins may be novel genes for triple – negative breast cancer based on bioinformatic analysis [J]. Breast Cancer, 2020, 27 (5): 903-911.

[99] MacArthur J, Bowler E, Cerezo M, et al. The new NHGRI – EBI Catalog of published genome-wide association studies (GWAS Catalog) [J]. Nucleic Acids Research, 2017, 45 (D1): D896-D901.

[100] Maier R M, Zhu Z, Lee S H, et al. Improving genetic prediction by leveraging genetic correlations among human diseases and traits [J]. Nature Communications, 2018, 9 (1): 1-17.

[101] Mak T S H, Kwan J S H, Campbell D D, et al. Local true discovery rate weighted polygenic scores using GWAS summary data [J]. Behavior Genetics, 2016, 46 (4): 573-582.

[102] Mak T S H, Porsch R M, Choi S W, et al. Polygenic scores via penalized regression on summary statistics [J]. Genetic Epidemiology, 2017, 41 (6): 469-480.

[103] Marigorta U M, Denson L A, Hyams J S, et al. Transcriptional risk scores link GWAS to eQTLs and predict complications in Crohn's disease [J]. Nature Genetics, 2017, 49 (10): 1517-1521.

[104] Márquez – Luna C, Loh P R, South Asian Type 2 Diabetes

（SAT2D）Consortium, et al. Multiethnic polygenic risk scores improve risk prediction in diverse populations [J]. Genetic Epidemiology, 2017, 41 (8): 811-823.

[105] McCarty C A, Chisholm R L, Chute C G, et al. The eMERGE Network: a consortium of biorepositories linked to electronic medical records data for conducting genomic studies [J]. BMC Medical Genomics, 2011, 4 (1): 1-11.

[106] Montgomery S B, Dermitzakis E T. From expression QTLs to personalized transcriptomics [J]. Nature Reviews Genetics, 2011, 12 (4): 277-282.

[107] Morris A P. Transethnic meta-analysis of genomewide association studies [J]. Genetic Epidemiology, 2011, 35 (8): 809-822.

[108] Morris A P, Voight B F, Teslovich T M, et al. Large-scale association analysis provides insights into the genetic architecture and pathophysiology of type 2 diabetes [J]. Nature Genetics, 2012, 44 (9): 981.

[109] Mu L, Katsaros D, Lu L, et al. TGF-β1 genotype and phenotype in breast cancer and their associations with IGFs and patient survival [J]. British Journal of Cancer, 2008, 99 (8): 1357-1363.

[110] Nagpal S, Meng X, Epstein M P, et al. TIGAR: an improved Bayesian tool for transcriptomic data imputation enhances gene mapping of complex traits [J]. The American Journal of Human Genetics, 2019, 105 (2): 258-266.

[111] Nallanthighal S, Heiserman J P, Cheon D J. The role of the extracellular matrix in cancer stemness [J]. Frontiers in Cell and Developmental Biology, 2019, 7: 86.

[112] Newcombe P J, Nelson C P, Samani N J, et al. A flexible and parallelizable approach to genome-wide polygenic risk scores [J]. Genetic Epidemiology, 2019, 43 (7): 730-741.

［113］Olvedy M, Scaravilli M, Hoogstrate Y, et al. A comprehensive repertoire of tRNA-derived fragments in prostate cancer ［J］. Oncotarget, 2016, 7 (17): 24766.

［114］Orozco L D, Chen H H, Cox C, et al. Integration of eQTL and a single-cell atlas in the human eye identifies causal genes for age-related macular degeneration ［J］. Cell Reports, 2020, 30 (4): 1246-1259. e6.

［115］Pai A A, Pritchard J K, Gilad Y. The genetic and mechanistic basis for variation in gene regulation ［J］. PLoS Genetics, 2015, 11 (1): e1004857.

［116］Park Y, Sarkar A, Bhutani K, et al. Multi-tissue polygenic models for transcriptome-wide association studies ［J］. bioRxiv, 2017: 107623.

［117］Pattee J, Pan W. Penalized regression and model selection methods for polygenic scores on summary statistics ［J］. PLoS Computational Biology, 2020, 16 (10): e1008271.

［118］Pekarsky Y, Balatti V, Palamarchuk A, et al. Dysregulation of a family of short noncoding RNAs, tsRNAs, in human cancer ［J］. Proceedings of the National Academy of Sciences, 2016, 113 (18): 5071-5076.

［119］Petretto E, Bottolo L, Langley S R, et al. New insights into the genetic control of gene expression using a Bayesian multi-tissue approach ［J］. PLoS Computational Biology, 2010, 6 (4): e1000737.

［120］Pierce B L, Tong L, Chen L S, et al. Mediation analysis demonstrates that trans-eQTLs are often explained by cis-mediation: a genome-wide analysis among 1, 800 South Asians ［J］. PLoS Genetics, 2014, 10 (12): e1004818.

［121］Price A L, Patterson N J, Plenge R M, et al. Principal components analysis corrects for stratification in genome-wide association studies ［J］. Nature Genetics, 2006, 38 (8): 904-909.

［122］Privé F, Arbel J, Vilhjálmsson B J. LDpred2: better, faster, stronger〔J〕. Bioinformatics, 2020, 36（22-23）: 5424-5431.

〔123〕Purcell S, Neale B, Todd-Brown K, et al. PLINK: a tool set for whole-genome association and population-based linkage analyses〔J〕. The American Journal of Human Genetics, 2007, 81（3）: 559-575.

〔124〕Purdie C A, Quinlan P, Jordan L B, et al. Progesterone receptor expression is an independent prognostic variable in early breast cancer: a population-based study〔J〕. British Journal of Cancer, 2014, 110（3）: 565-572.

〔125〕Qian B, Katsaros D, Lu L, et al. High miR-21 expression in breast cancer associated with poor disease-free survival in early stage disease and high TGF-β1〔J〕. Breast Cancer Research and Treatment, 2009, 117（1）: 131-140.

〔126〕Rakitsch B, Stegle O. Modelling local gene networks increases power to detect trans-acting genetic effects on gene expression〔J〕. Genome Biology, 2016, 17（1）: 1-13.

〔127〕Risch N, Merikangas K. The future of genetic studies of complex human diseases〔J〕. Science, 1996, 273（5281）: 1516-1517.

〔128〕Ritchie M D, Holzinger E R, Li R, et al. Methods of integrating data to uncover genotype-phenotype interactions〔J〕. Nature Reviews Genetics, 2015, 16（2）: 85-97.

〔129〕Robin X, Turck N, Hainard A, et al. pROC: an open-source package for R and S+ to analyze and compare ROC curves〔J〕. BMC Bioinformatics, 2011, 12（1）: 1-8.

〔130〕Rodriguez-Martinez A, Posma J M, Ayala R, et al. MWASTools: An R/bioconductor package for metabolome-wide association studies〔J〕. Bioinformatics, 2018, 34（5）: 890-892.

〔131〕Schmiedel B J, Singh D, Madrigal A, et al. Impact of genetic polymorphisms on human immune cell gene expression〔J〕. Cell, 2018, 175

(6)：1701-1715. e16.

［132］Shabalin A A. Matrix eQTL： ultra fast eQTL analysis via large matrix operations ［J］. Bioinformatics, 2012, 28 (10)： 1353-1358.

［133］Shan N, Li N, Dai Q, et al. Interplay of tRNA-derived fragments and T cell activation in breast cancer patient survival ［J］. Cancers (Basel), 2020, 12 (8)： 2230.

［134］Shan N, Wang Z, Hou L. Identification of trans-eQTLs using mediation analysis with multiple mediators ［J］. BMC Bioinformatics, 2019, 20 (Suppl 3)： 126.

［135］Shan N, Xie Y, Song S, et al. A novel transcriptional risk score for risk prediction of complex human diseases ［J］. Genetic Epidemiology, 2021, 45 (8)： 811-820.

［136］Shao Y, Sun Q, Liu X, et al. tRF-Leu-CAG promotes cell proliferation and cell cycle in non-small cell lung cancer ［J］. Chemical Biology & Drug Design, 2017, 90 (5)： 730-738.

［137］Shi J, Park J H, Duan J, et al. Winner's curse correction and variable thresholding improve performance of polygenic risk modeling based on genome-wide association study summary-level data ［J］. PLoS Genetics, 2016, 12 (12)： e1006493.

［138］Silverberg M S, Cho J H, Rioux J D, et al. Ulcerative colitis-risk loci on chromosomes 1p36 and 12q15 found by genome-wide association study ［J］. Nature Genetics, 2009, 41 (2)： 216-220.

［139］Slack F J. Tackling tumors with small RNAs derived from transfer RNA ［J］. New England Journal of Medicine, 2018, 378 (19)： 1842-1843.

［140］Slatkin M. Linkage disequilibrium-understanding the evolutionary past and mapping the medical future ［J］. Nature Reviews Genetics, 2008, 9 (6)： 477-485.

［141］So H C, Sham P C. Improving polygenic risk prediction from summary statistics by an empirical Bayes approach [J]. Scientific Reports, 2017, 7 (1): 1-11.

[142] Sobel M E. Asymptotic confidence intervals for indirect effects in structural equation models [J]. Sociological Methodology, 1982, 13: 290-312.

[143] Song S, Jiang W, Hou L, et al. Leveraging effect size distributions to improve polygenic risk scores derived from summary statistics of genome-wide association studies [J]. PLOS Computational Biology, 2020, 16 (2): e1007565.

[144] Song S, Hou L, Liu J S. A data-adaptive Bayesian regression approach for polygenic risk prediction [J]. Bioinformatics, 2022.

[145] Stegle O, Parts L, Durbin R, et al. A Bayesian framework to account for complex non-genetic factors in gene expression levels greatly increases power in eQTL studies [J]. PLoS Computational Biology, 2010, 6 (5): e1000770.

[146] Stranger B E, Montgomery S B, Dimas A S, et al. Patterns of cis regulatory variation in diverse human populations [J]. PLoS Genetics, 2012, 8 (4): e1002639.

[147] Sul J H, Han B, Ye C, et al. Effectively identifying eQTLs from multiple tissues by combining mixed model and meta-analytic approaches [J]. PLoS Genetics, 2013, 9 (6): e1003491.

[148] Sun C, Yang F, Zhang Y, et al. tRNA-derived fragments as novel predictive biomarkers for trastuzumab-resistant breast cancer [J]. Cellular Physiology and Biochemistry, 2018, 49 (2): 419-431.

[149] Tang Y C, Gottlieb A. TF - TWAS: Transcription-factor polymorphism associated with tissue-specific gene expression {J]. bioRxiv, 2018: 405936.

[150] Telonis A G, Rigoutsos I. Race disparities in the contribution of miRNA isoforms and tRNA-derived fragments to triple-negative breast cancer

［J］. Cancer Research, 2018, 78 (5): 1140–1154.

［151］ Tibshirani R. Regression shrinkage and selection via the lasso ［J］. Journal of the Royal Statistical Society: Series B (Methodological), 1996, 58 (1): 267–288.

［152］ Todorović V, Desai B V, Patterson M J S, et al. Plakoglobin regulates cell motility through Rho－and fibronectin－dependent Src signaling ［J］. Journal of Cell Science, 2010, 123 (20): 3576–3586.

［153］ Torkamani A, Wineinger N E, Topol E J. The personal and clinical utility of polygenic risk scores ［J］. Nature Reviews Genetics, 2018, 19 (9): 581–590.

［154］ Turley P, Walters R K, Maghzian O, et al. Multi－trait analysis of genome－wide association summary statistics using MTAG ［J］. Nature Genetics, 2018, 50 (2): 229–237.

［155］ VanderWeele T J. Bias formulas for sensitivity analysis for direct and indirect effects ［J］. Epidemiology (Cambridge, Mass.), 2010, 21 (4): 540.

［156］ VanderWeele T, Vansteelandt S. Mediation analysis with multiple mediators ［J］. Epidemiologic Methods, 2014, 2 (1): 95–115.

［157］ Vilhjálmsson B J, Yang J, Finucane H K, et al. Modeling linkage disequilibrium increases accuracy of polygenic risk scores ［J］. The American Journal of Human Genetics, 2015, 97 (4): 576–592.

［158］ Võsa U, Claringbould A, Westra H J, et al. Large－scale cis－and trans－eQTL analyses identify thousands of genetic loci and polygenic scores that regulate blood gene expression ［J］. Nature Genetics, 2021, 53 (9): 1300–1310.

［159］ Walford G A, Porneala B C, Dauriz M, et al. Metabolite traits and genetic risk provide complementary information for the prediction of future type 2 diabetes ［J］. Diabetes Care, 2014, 37 (9): 2508–2514.

［160］ Wang D, Liu S, Warrell J, et al. Comprehensive functional genomic resource and integrative model for the human brain ［J］. Science, 2018, 362 (6420): eaat8464.

［161］ Wang M H, Cordell H J, Van Steen K. Statistical methods for genome-wide association studies ［C］. Seminars in cancer biology. Academic Press, 2019, 55: 53-60.

［162］ Wang Z, Xiang L, Shao J, et al. The 3′ CCACCA sequence of tRNAAla (UGC) is the motif that is important in inducing Th1-like immune response, and this motif can be recognized by Toll-like receptor 3 ［J］. Clinical and Vaccine Immunology, 2006, 13 (7): 733-739.

［163］ Weidenfeld K, Barkan D. EMT and stemness in tumor dormancy and outgrowth: are they intertwined processes? ［J］. Frontiers in Oncology, 2018: 381.

［164］ Weiser M, Mukherjee S, Furey T S. Novel distal eQTL analysis demonstrates effect of population genetic architecture on detecting and interpreting associations ［J］. Genetics, 2014, 198 (3): 879-893.

［165］ Wellcome Trust Case Control Consortium. Genome-wide association study of 14, 000 cases of seven common diseases and 3, 000 shared controls ［J］. Nature, 2007, 447 (7145): 661.

［166］ Welter D, MacArthur J, Morales J, et al. The NHGRI GWAS Catalog, a curated resource of SNP-trait associations ［J］. Nucleic Acids Research, 2014, 42 (D1): D1001-D1006.

［167］ Wen X, Luca F, Pique-Regi R. Cross-population joint analysis of eQTLs: fine mapping and functional annotation ［J］. PLoS Genetics, 2015, 11 (4): e1005176.

［168］ Westra H J, Peters M J, Esko T, et al. Systematic identification of trans eQTLs as putative drivers of known disease associations ［J］. Nature Genetics, 2013, 45 (10): 1238-1243.

［169］Wheeler H E, Ploch S, Barbeira A N, et al. Imputed gene associations identify replicable trans－acting genes enriched in transcription pathways and complex traits ［J］. Genetic Epidemiology, 2019, 43 (6): 596-608.

［170］Witte J S, Visscher P M, Wray N R. The contribution of genetic variants to disease depends on the ruler ［J］. Nature Reviews Genetics, 2014, 15 (11): 765-776.

［171］Wu M, Lin Z, Ma S, et al. Simultaneous inference of phenotype-associated genes and relevant tissues from GWAS data via Bayesian integration of multiple tissue-specific gene networks ［J］. Journal of Molecular Cell Biology, 2017, 9 (6): 436-452.

［172］Xie Y, Shan N, Zhao H, et al. Transcriptome wide association studies: General framework and methods ［J］. Quantitative Biology, 2021: 0.

［173］Xu Q, Wang L, Li H, et al. Mesenchymal stem cells play a potential role in regulating the establishment and maintenance of epithelial-mesenchymal transition in MCF7 human breast cancer cells by paracrine and induced autocrine TGF-β ［J］. International Journal of Oncology, 2012, 41 (3): 959-968.

［174］Yang C, Wan X, Lin X, et al. CoMM: a collaborative mixed model to dissecting genetic contributions to complex traits by leveraging regulatory information ［J］. Bioinformatics, 2019, 35 (10): 1644-1652.

［175］Yang F, Wang J, Pierce B L, et al. Identifying cis-mediators for trans-eQTLs across many human tissues using genomic mediation analysis ［J］. Genome Research, 2017, 27 (11): 1859-1871.

［176］Yang Y, Shi X, Jiao Y, et al. CoMM-S2: a collaborative mixed model using summary statistics in transcriptome-wide association studies ［J］. Bioinformatics, 2020, 36 (7): 2009-2016.

［177］Yao C, Joehanes R, Johnson A D, et al. Dynamic role of trans regulation of gene expression in relation to complex traits [J]. The American Journal of Human Genetics, 2017, 100 (4): 571-580.

[178] Yu J X, Sieuwerts A M, Zhang Y, et al. Pathway analysis of gene signatures predicting metastasis of node-negative primary breast cancer [J]. BMC Cancer, 2007, 7 (1): 1-14.

[179] Zhang H, Zheng Y, Zhang Z, et al. Estimating and testing high-dimensional mediation effects in epigenetic studies [J]. Bioinformatics, 2016, 32 (20): 3150-3154.

[180] Zhang W, Voloudakis G, Rajagopal V M, et al. Integrative transcriptome imputation reveals tissue - specific and shared biological mechanisms mediating susceptibility to complex traits [J]. Nature Communications, 2019, 10 (1): 1-13.

[181] Zhao B, Shan Y, Yang Y, et al. Transcriptome-wide association analysis of brain structures yields insights into pleiotropy with complex neuropsychiatric traits [J]. Nature Communications, 2021, 12 (1): 1-11.

[182] Zhao S D, Cai T T, Li H. More powerful genetic association testing via a new statistical framework for integrative genomics [J]. Biometrics, 2014, 70 (4): 881-890.

[183] Zhou X, Cai X. Joint eQTL mapping and inference of gene regulatory network improves power of detecting both cis-and trans-eQTLs [J]. Bioinformatics, 2022, 38 (1): 149-156.

[184] Zhu X, Stephens M. Bayesian large-scale multiple regression with summary statistics from genome-wide association studies [J]. The Annals of Applied Statistics, 2017, 11 (3): 1561.

附录 A 第 2 章相关表格

表 A-1 非洲组合人群识别由 1 个 cis-gene 介导的 trans-eQTL

SNP	chr (SNP)	cis-gene	chr (trans-gene)	trans-gene	p value (SME)
rs6682295	1	KIF1B	1	DUSP5P1	0.012105263
rs16830289	1	LAX1	16	CHST6	0.037368421
rs4074755	1	OR2T10	4	RGS12	0.024736842
rs12129745	1	ATP5IF1	17	DRG2	0.018421053
rs452242	1	CRYZ	1	AMPD2	0.016315789
rs12143652	1	CTBS	10	AP3M1	0.008105263
rs12769723	10	MSRB2	4	IGFBP7	0.008105263
rs176879	10	ZNF37A	1	HSD17B7	0.045789474
rs1740733	10	ZNF37A	1	HSD17B7	0.04368421
rs2490745	10	EXOC6	14	BAZ1A	0.018421053
rs10838543	11	TRIM5	2	RBM45	0.016315789
rs2220813	12	SLC41A2	6	RUNX2	0.024736842
rs10846175	12	C12orf60	11	CORO1B	0.012105263
rs11052094	12	DNM1L	22	APOL3	0.04789474
rs5445	12	SPSB2	7	TPI1P2	0.000715789
rs3209531	14	RPPH1	1	CFAP57	0.020526316
rs12891473	14	SRP54	1	AKR1A1	0.01
rs946616	14	PYGL	3	ZNF502	0.012105263
rs2045024	14	ZBTB25	19	CHAF1A	0.031052632

续表

SNP	chr（SNP）	cis-gene	chr（trans-gene）	trans-gene	*p* value（SME）
rs2402076	14	FBLN5	16	MLST8	0.028947368
rs854790	17	DRG2	22	MB	0.043684211
rs1719126	17	CCL3	7	CBX3	0.000384211
rs8069447	17	HLF	10	WDR11	0.022631579
rs7216490	17	EIF5A	3	IL17RC	0.022631579
rs594801	18	WDR7	19	RSPH6A	0.020526316
rs7125	19	MAST3	11	CHRM4	0.022631579
rs16982263	19	MAST3	11	CHRM4	0.018421053
rs8109807	19	MAST3	11	CHRM4	0.037368421
rs3803919	19	MAST3	11	CHRM4	0.014210526
rs34438246	19	EMP3	3	FANCD2	0.035263158
rs4806668	19	RPL28	2	ATIC	3.37E-05
rs4849797	2	TMEM177	14	PAX9	0.037368421
rs11674634	2	CCDC74A	2	CCDC74B	1.00E-06
rs1961526	2	CCDC74A	2	CCDC74B	1.00E-06
rs3770922	2	CRIM1	1	BPNT1	0.033157895
rs10496191	2	DUSP11	14	HSPA2	0.001947368
rs743024	20	NAPB	19	ZNF579	0.000952632
rs7988	20	NAPB	19	ZNF579	0.000621053
rs2424534	20	NAPB	19	ZNF579	0.001473684
rs6089195	20	TM9SF4	8	PUF60	0.045789474
rs6121360	20	TM9SF4	8	PUF60	0.045789474
rs1006903	21	CCT8	1	CCT8P1	1.00E-06
rs2254638	21	CCT8	1	CCT8P1	1.00E-06
rs1997605	21	CCT8	1	CCT8P1	1.00E-06

SNP	chr (SNP)	cis-gene	chr (trans-gene)	trans-gene	p value (SME)
rs2832170	21	CCT8	1	CCT8P1	1.00E-06
rs2832173	21	CCT8	1	CCT8P1	1.00E-06
rs2832181	21	CCT8	1	CCT8P1	2.42E-06
rs2832186	21	CCT8	1	CCT8P1	1.00E-06
rs2832191	21	CCT8	1	CCT8P1	1.00E-06
rs2832194	21	CCT8	1	CCT8P1	1.00E-06
rs2251381	21	CCT8	1	CCT8P1	1.00E-06
rs1985483	21	FAM207A	21	FAM207CP	0.005263158
rs2070477	22	GGT1	22	GGT2	1.00E-06
rs5751901	22	GGT1	22	GGT2	1.00E-06
rs5760492	22	GGT1	22	GGT2	1.00E-06
rs6002479	22	MEI1	3	BDH1	0.043684211
rs2455807	3	HACL1	20	PKIG	0.031052632
rs13078999	3	HACL1	20	PKIG	0.033157895
rs2918468	3	ZNF717	5	ZNF300P1	1.00E-06
rs2918515	3	ZNF717	5	ZNF300P1	1.00E-06
rs10016075	4	WDR1	22	GRAP2	0.024736842
rs2168528	4	GUCY1A1	10	LRMDA	0.000952632
rs10477239	5	YIPF5	19	ZNF132	0.033157895
rs244526	5	YIPF5	19	ZNF132	0.033157895
rs9766863	6	ZBTB24	1	OR2M7	0.020526316
rs2236312	6	RNASET2	19	SULT2B1	0.033157895
rs626854	6	NUP153	17	ZNF830	0.018421053
rs9378264	6	HLA-DRB1	17	SMARCD2	0.041578947
rs1964995	6	HLA-DRB1	17	SMARCD2	0.028947368

续表

SNP	chr (SNP)	cis-gene	chr (trans-gene)	trans-gene	p value (SME)
rs9273109	6	HLA-DRB1	7	TRIM56	0.000194737
rs7773328	6	PACSIN1	18	ZNF271P	0.045789474
rs9342773	6	LMBRD1	13	STARD13	0.04875
rs34989573	7	C7orf61	7	PMS2	0.008105263
rs6967109	7	SNX10	9	CENPP	0.005736842
rs2447188	8	COL14A1	4	CLNK	0.005736842
rs2970402	8	COL14A1	4	CLNK	0.005736842
rs4609281	9	C9orf72	11	RPLP2	0.033157895

表 A-2 非洲组合人群识别由 2 个 cis-gene 介导的 trans-eQTL

SNP	chr (SNP)	cis-gene1	cis-gene2	chr (trans-gene)	trans-gene	p value (TME)	p value (CME)	p value (SME)
rs11264063	1	MEAF6	GNL2	10	PTEN	0.21098	0.022631579	0.022631579
rs6694340	1	MUTYH	AKR1A1	17	NPLOC4	0.0919	0.009526316	0.009052632
rs6666743	1	MUTYH	AKR1A1	17	NPLOC4	0.1633	0.022631579	0.022631579
rs4660319	1	MUTYH	AKR1A1	17	NPLOC4	0.0634	0.006210526	0.006684211
rs4782395	16	MVD	CYBA	5	HARS	0.2384	0.018421053	0.018421053
rs1659682	2	SLC5A6	ATRAID	14	SLC22A17	0.043684211	0.014210526	0.014210526
rs11700407	21	CCT8	N6AMT1	1	CCT8P1	1.00E-06	1.00E-06	1.00E-06
rs2243503	21	CCT8	N6AMT1	1	CCT8P1	1.00E-06	1.00E-06	1.00E-06
rs2245431	21	CCT8	N6AMT1	1	CCT8P1	1.00E-06	1.00E-06	1.00E-06
rs2150403	21	RWDD2B	CCT8	1	CCT8P1	1.00E-06	1.00E-06	1.00E-06
rs7275747	21	CCT8	N6AMT1	1	CCT8P1	1.00E-06	1.00E-06	1.00E-06
rs6516887	21	CCT8	N6AMT1	1	CCT8P1	1.00E-06	1.00E-06	1.00E-06
rs2832155	21	CCT8	N6AMT1	1	CCT8P1	1.00E-06	1.00E-06	1.00E-06
rs2070610	21	CCT8	N6AMT1	1	CCT8P1	4.32E-05	9.05E-06	4.79E-06
rs2832159	21	CCT8	N6AMT1	1	CCT8P1	1.00E-06	1.00E-06	1.00E-06
rs8133819	21	CCT8	N6AMT1	1	CCT8P1	1.00E-06	1.00E-06	1.00E-06

续表

SNP	chr (SNP)	cis-gene1	cis-gene2	chr (trans-gene)	trans-gene	p value (TME)	p value (CME)	p value (SME)
rs2832160	21	CCT8	N6AMT1	1	CCT8P1	1.00E-06	1.00E-06	1.00E-06
rs1571680	21	CCT8	N6AMT1	1	CCT8P1	1.00E-06	1.00E-06	1.00E-06
rs16983785	21	CCT8	N6AMT1	1	CCT8P1	1.00E-06	1.00E-06	1.00E-06
rs16983792	21	CCT8	N6AMT1	1	CCT8P1	1.00E-06	1.00E-06	1.00E-06
rs2835187	21	SETD4	CBR1	3	PCOLCE2	0.6256	0.022631579	0.031052632
rs2024679	6	ZKSCAN3	PGBD1	17	NCOR1	0.057368421	0.128995	0.112425
rs3117327	6	ZKSCAN3	PGBD1	17	NCOR1	0.037368421	0.136975	0.117
rs3129951	6	HLA-DRB5	HLA-DRB1	2	LIMS1	1.00E-06	1.00E-06	1.00E-06
rs9268493	6	HLA-DRB5	HLA-DRB1	2	LIMS1	1.00E-06	1.00E-06	1.00E-06
rs3763311	6	HLA-DRB5	HLA-DRB1	7	TRIM56	0.037368421	0.006210526	0.001473684
rs3763311	6	HLA-DRB5	HLA-DRB1	1	B4GALT2	0.018421053	0.016315789	0.016315789
rs3763311	6	HLA-DRB5	HLA-DRB1	2	LIMS1	1.00E-06	1.00E-06	1.00E-06
rs3763317	6	HLA-DRB5	HLA-DRB1	2	LIMS1	1.00E-06	1.00E-06	1.00E-06
rs5007259	6	HLA-DRB5	HLA-DRB1	2	LIMS1	1.00E-06	1.00E-06	1.00E-06
rs2027856	6	HLA-DRB5	HLA-DRB1	2	LIMS1	1.00E-06	1.00E-06	1.00E-06
rs3135392	6	HLA-DRB5	HLA-DRB1	4	RPL34	0.17906	0.001473684	0.031052632

续表

SNP	chr (SNP)	cis-gene1	cis-gene2	chr (trans-gene)	trans-gene	p value (TME)	p value (CME)	p value (SME)
rs3129882	6	HLA-DRB5	HLA-DRB1	2	LIMS1	1.00E-06	1.00E-06	1.00E-06
rs3129882	6	HLA-DRB5	HLA-DRB1	7	TRIM56	0.000147368	0.037368421	0.000147368
rs2239804	6	HLA-DRB5	HLA-DRB1	2	LIMS1	1.00E-06	1.00E-06	1.00E-06
rs2239804	6	HLA-DRB5	HLA-DRB1	4	RPL34	0.269	0.001947368	0.045789474
rs2239803	6	HLA-DRB5	HLA-DRB1	2	LIMS1	1.00E-06	1.00E-06	1.00E-06
rs7194	6	HLA-DRB5	HLA-DRB1	2	LIMS1	1.00E-06	1.00E-06	1.00E-06
rs3129890	6	HLA-DRB5	HLA-DRB1	2	LIMS1	1.00E-06	1.00E-06	1.00E-06
rs9268831	6	HLA-DRB5	HLA-DRB1	2	LIMS1	1.00E-06	1.00E-06	1.00E-06
rs9268856	6	HLA-DRB5	HLA-DRB1	2	LIMS1	1.00E-06	1.00E-06	1.00E-06
rs9268861	6	HLA-DRB5	HLA-DRB1	2	LIMS1	1.00E-06	1.00E-06	1.00E-06
rs7766843	6	HLA-DRB5	HLA-DRB1	2	LIMS1	1.00E-06	1.00E-06	1.00E-06
rs9269043	6	HLA-DRB5	HLA-DRB1	2	LIMS1	1.00E-06	1.00E-06	1.00E-06
rs34569694	6	HLA-DRB5	HLA-DRB1	2	LIMS1	1.00E-06	1.00E-06	1.00E-06
rs35464393	6	HLA-DRB5	HLA-DRB1	2	LIMS1	1.00E-06	1.00E-06	1.00E-06
rs9269329	6	HLA-DRB5	HLA-DRB1	19	B9D2	0.846	0.001473684	0.000763158
rs9269329	6	HLA-DRB5	HLA-DRB1	2	LIMS1	0.000147368	1.00E-06	1.00E-06

续表

SNP	chr（SNP）	cis-gene1	cis-gene2	chr（trans-gene）	trans-gene	p value（TME）	p value（CME）	p value（SME）
rs9270467	6	HLA-DRB5	HLA-DRB1	19	B9D2	0.8823	0.002894737	0.002894737
rs9270467	6	HLA-DRB5	HLA-DRB1	2	LIMS1	0.000526316	1.00E-06	1.00E-06
rs9270623	6	HLA-DRB5	HLA-DRB1	7	TRIM56	0.007631579	0.23115	0.003842105
rs9270623	6	HLA-DRB5	HLA-DRB1	2	LIMS1	1.00E-06	1.00E-06	1.00E-06
rs9270623	6	HLA-DRB5	HLA-DRB1	4	RPL34	0.1287	0.024736842	0.1445
rs2858867	6	HLA-DRB5	HLA-DRB1	2	LIMS1	1.00E-06	1.00E-06	1.00E-06
rs13207945	6	HLA-DRB5	HLA-DRB1	1	B4GALT2	0.016315789	0.090775	0.006684211
rs642093	6	HLA-DRB5	HLA-DRB1	2	LIMS1	1.00E-06	1.00E-06	1.00E-06
rs642093	6	HLA-DRB5	HLA-DRB1	4	RPL34	0.1193	0.020526316	0.1316
rs642093	6	HLA-DRB5	HLA-DRB1	7	TRIM56	0.01	0.24145	0.004789474
rs9271348	6	HLA-DRB5	HLA-DRB1	7	TRIM56	0.6487	0.001473684	0.003368421
rs9271348	6	HLA-DRB5	HLA-DRB1	2	LIMS1	1.00E-06	1.00E-06	1.00E-06
rs2097431	6	HLA-DRB5	HLA-DRB1	12	ATP5MFP5	0.049075	0.19505	0.041578947
rs2097431	6	HLA-DRB5	HLA-DRB1	2	LIMS1	1.00E-06	1.00E-06	1.00E-06
rs3129763	6	HLA-DRB5	HLA-DRB1	2	LIMS1	1.00E-06	1.00E-06	1.00E-06
rs3129763	6	HLA-DRB5	HLA-DRB1	7	TRIM56	0.000857895	0.0874	0.000573684

续表

SNP	chr (SNP)	cis-gene1	cis-gene2	chr (trans-gene)	trans-gene	p value (TME)	p value (CME)	p value (SME)
rs9272105	6	HLA-DRB5	HLA-DRB1	7	TRIM56	0.039473684	0.003368421	0.000289474
rs9272105	6	HLA-DRB5	HLA-DRB1	2	LIMS1	1.00E-06	1.00E-06	1.00E-06
rs9272105	6	HLA-DRB5	HLA-DRB1	1	B4GALT2	0.022631579	0.012105263	0.020526316
rs9272105	6	HLA-DRB5	HLA-DRB1	4	RPL34	0.1985	5.26E-05	0.0605
rs9272143	6	HLA-DRB5	HLA-DRB1	4	RPL34	0.2372	0.000047947	0.014210526
rs9272192	6	HLA-DRB1	PSMB9	2	LIMS1	1.00E-06	1.00E-06	1.00E-06
rs17843608	6	HLA-DRB5	HLA-DRB1	2	LIMS1	1.00E-06	1.00E-06	1.00E-06
rs35367950	6	HLA-DRB5	HLA-DRB1	2	LIMS1	1.00E-06	1.00E-06	1.00E-06
rs6906021	6	HLA-DRB5	HLA-DRB1	2	LIMS1	1.00E-06	1.00E-06	1.00E-06
rs1063355	6	HLA-DRB5	HLA-DRB1	2	LIMS1	1.00E-06	1.00E-06	1.00E-06
rs2157051	6	HLA-DRB5	HLA-DRB1	19	B9D2	0.000573684	0.003842105	0.000573684
rs2157051	6	HLA-DRB5	HLA-DRB1	2	LIMS1	1.00E-06	1.00E-06	1.00E-06
rs3104405	6	HLA-DRB5	HLA-DRB1	2	LIMS1	1.00E-06	1.00E-06	1.00E-06
rs3997854	6	HLA-DRB5	HLA-DRB1	2	LIMS1	1.00E-06	1.00E-06	1.00E-06
rs9275614	6	HLA-DRB5	HLA-DRB1	2	LIMS1	1.00E-06	1.00E-06	1.00E-06
rs4394270	6	HLA-DRB5	HLA-DRB1	2	LIMS1	1.00E-06	1.00E-06	1.00E-06

续表

SNP	chr (SNP)	cis-gene1	cis-gene2	chr (trans-gene)	trans-gene	p value (TME)	p value (CME)	p value (SME)
rs35564723	6	HLA-DRB5	HLA-DRB1	2	LIMS1	1.00E-06	1.00E-06	1.00E-06
rs35564723	6	HLA-DRB5	HLA-DRB1	7	TRIM56	0.001473684	0.09753	0.00384211
rs7772620	6	GSTA2	PAQR8	9	SPTLC1	0.33613	0.024736842	0.022631579
rs1637001	7	ZCWPW1	CNPY4	7	PMS2	0.000147368	0.000289474	0.000242105
rs3900792	7	MEPCE	C7orf61	7	PMS2	0.0978	0.003368421	0.003368421
rs12681287	8	RMDN1	RMDN1	8	ZNF16	0.0.2105263	0.24455	0.007157895
rs10987637	9	SLC2A8	ZNF79	17	RPL12P38	0.001473684	0.002421053	0.000621053
rs10987642	9	SLC2A8	ZNF79	17	RPL12P38	0.020526316	0.06724	0.031052632
rs7047760	9	SLC2A8	ZNF79	17	RPL12P38	0.022631579	0.009526316	0.005263158
rs17464948	9	SLC2A8	ZNF79	17	RPL12P38	0.002421053	0.002421053	0.000621053
rs2244218	9	SLC2A8	ZNF79	17	RPL12P38	0.006684211	0.0237	0.01
rs2250161	9	SLC2A8	ZNF79	17	RPL12P38	0.002421053	0.012105263	0.003368421
rs2246011	9	SLC2A8	ZNF79	17	RPL12P38	8.58E-05	0.001473684	0.000147368
rs2798429	9	SLC2A8	ZNF79	17	RPL12P38	0.003842105	0.018421053	0.005736842
rs2244830	9	SLC2A8	ZNF79	17	RPL12P38	0.001473684	0.041578947	0.004315789
rs2255132	9	SLC2A8	ZNF79	17	RPL12P38	0.000289474	0.000905263	0.000147368

续表

SNP	chr (SNP)	cis-gene1	cis-gene2	chr (trans-gene)	trans-gene	p value (TME)	p value (CME)	p value (SME)
rs2247493	9	SLC2A8	ZNF79	17	RPLI2P38	0.000147368	0.000715789	2.89E-05
rs2247374	9	SLC2A8	ZNF79	17	RPLI2P38	0.000336842	0.000289474	3.37E-05
rs1891729	9	SLC2A8	ZNF79	17	RPLI2P38	2.89E-05	0.000952632	3.84E-05
rs10511793	9	CAAP1	IFT74	7	BRI3	0.041578947	0.06098	0.0525

表 A-3 非洲组合人群识别由 3 个 cis-gene 介导的 trans-eQTL

SNP	chr (SNP)	cis-gene1	cis-gene2	cis-gene3	chr (trans-gene)	trans-gene	p value (TME)	p value (CME)	p value (SME)
rs6041750	20	FKBP1A	FKBP1A	FKBP1A	6	FKBP1C	1.00E-06	1.00E-06	9.05E-05
rs2076667	20	AHCY	GSS	ACSS2	6	TFAP2D	0.06278	0.00336842	0.00289474
rs3818273	20	AHCY	GSS	ACSS2	6	TFAP2D	0.07665	0.00289474	0.00289474
rs2705646	21	RWDD2B	CCT8	N6AMT1	1	CCT8P1	1.00E-06	1.00E-06	1.00E-06
rs2272338	7	CNPY4	AP4M1	LAMTOR4	7	PMS2	0.08055	0.00289474	0.00336842
rs10231604	7	CNPY4	AP4M1	LAMTOR4	7	PMS2	0.03105263	0.00242105	0.00242105
rs1918353	7	CNPY4	AP4M1	LAMTOR4	7	PMS2	0.03105263	0.00147368	0.00147368
rs11559117	7	MEPCE	ZCWPW1	C7orf61	7	PMS2	0.11095	0.00062105	0.00147368
rs2406253	7	MEPCE	ZCWPW1	C7orf61	7	PMS2	0.09327	0.00047895	0.00076316

续表

SNP	chr (SNP)	cis-gene1	cis-gene2	cis-gene3	chr (trans-gene)	trans-gene	p value (TME)	p value (CME)	p value (SME)
rs11763511	7	MEPCE	ZCWPW1	C7orf61	7	PMS2	0.00857895	0.00028947	0.00043158
rs11769700	7	MEPCE	ZCWPW1	C7orf61	7	PMS2	0.01210526	0.00147368	0.00194737

表 A-4　非洲组合人群识别由 4 个 cis-gene 介导的 trans-eQTL

SNP	chr (SNP)	cis-gene1	cis-gene2	cis-gene3	cis-gene4	chr (trans-gene)	trans-gene	p value (TME)	p value (CME)	p value (SME)
rs6087649	20	AHCY	GSS	ACSS2	PIGU	6	TFAP2D	0.02263158	0.00478947	0.00289474
rs11766752	7	PMS2P1	MEPCE	ZCWPW1	C7orf61	7	PMS2	0.1942825	0.00952632	0.01210526

表 A-5　非洲组合人群识别由 5 个 cis-gene 介导的 trans-eQTL

SNP	chr (SNP)	cis-gene1	cis-gene2	cis-gene3	cis-gene4	cis-gene5	chr (trans-gene)	trans-gene	p value (TME)	p value (CME)	p value (SME)
rs7806537	7	MEPCE	ZCWPW1	C7orf61	AP4M1	LAMTOR4	7	PMS2	3.84E-05	0.00289474	0.00194737

附录 B 第 4 章相关表格

表 B-1 tRNA 衍生片段表达水平与总生存率的关系

变量	死亡		
	风险比	95% CI	p 值
T 细胞激活状态			
衰竭组	1.00		
激活组	0.48	0.27~0.83	0.009
tRFdb-5024a			
低	1.00		
高	0.52	0.37~0.74	$p < 0.001$
5P_ tRNA-Leu-CAA-4-1			
低	1.00		
高	0.55	0.35~0.87	0.011
ts-34			
低	1.00		
高	1.62	1.08~2.44	0.019
ts-49			
低	1.00		
高	0.40	0.17~0.93	0.032
ts-58			
低	1.00		

变量	死亡		
	风险比	95% CI	*p* 值
高	1.56	1.10~2.20	0.013
tRFdb-1040			
低	1.00		
高	1.49	0.93~2.38	0.096
5P_ tRNA-Ala-AGC-8-2			
低	1.00		
高	1.49	0.99~2.27	0.059
ts-13			
低	1.00		
高	1.38	0.94~2.03	0.103
年龄（每5年）	1.21	1.13~1.29	*p* < 0.001
疾病阶段			
I 期	1.00		
II 期	2.38	1.31~4.31	0.004
III 或 IV 期	7.03	3.84~12.85	*p* < 0.001
组织学类型			
导管癌	1.00		
小叶癌	0.55	0.34~0.87	0.011
混合癌	0.59	0.28~1.24	0.161
其他类型	2.38	1.24~4.57	0.009

表 B-2　T 细胞激活状态与 tRNA 衍生片段表达水平在全部样本中的交叉作用

变量	死亡		
	风险比	95% CI	*p* 值
T 细胞激活状态			

续表

变量	死亡		
	风险比	95% CI	*p* 值
衰竭组	1.00		
激活组	0.60	0.32~1.12	0.110
tRFdb-5024a			
低	1.00		
高	0.50	0.36~0.71	*p* < 0.001
5P_ tRNA-Leu-CAA-4-1			
低	1.00		
高	0.58	0.37~0.92	0.021
ts-34			
低	1.00		
高	2.12	1.40~3.22	*p* < 0.001
ts-49			
低	1.00		
高	0.27	0.10~0.74	0.011
ts-58			
低	1.00		
高	1.51	1.07~2.12	0.018
T 细胞激活状态 × ts-34	0.22	0.05~0.94	0.040
T 细胞激活状态 × ts-49	13.49	2.00~91.02	0.008
年龄（每 5 年）	1.20	1.12~1.28	*p* < 0.001
疾病阶段			
I 期	1.00		
II 期	2.18	1.21~3.94	0.010

续表

变量	死亡		
	风险比	95% CI	*p* 值
Ⅲ或Ⅳ期	6. 35	3. 50~11. 52	*p* < 0. 001
组织学类型			
导管癌	1. 00		
小叶癌	0. 53	0. 33~0. 83	0. 006
混合癌	0. 56	0. 26~1. 19	0. 130
其他类型	2. 60	1. 34~5. 02	0. 005

表 B-3　T 细胞衰竭组、激活组中 tRNA 衍生片段表达水平与总生存率的关系

分组变量	变量	死亡		
		风险比	95% CI	*p* 值
	tRFdb-5024a			
	低	1. 00		
	高	0. 51	0. 35~0. 73	*p* < 0. 001
	5P_ tRNA-Leu-CAA-4-1			
	低	1. 00		
	高	0. 54	0. 33~0. 88	0. 014
T 细胞衰竭组	ts-34			
	低	1. 00		
	高	2. 13	1. 40~3. 23	*p* < 0. 001
	ts-49			
	低	1. 00		
	高	0. 28	0. 10~0. 76	0. 013
	ts-58			
	低	1. 00		

续表

分组变量	变量	死亡		
		风险比	95% CI	*p* 值
	高	1.58	1.10~2.26	0.013
	年龄（每5年）	1.21	1.13~1.30	*p* < 0.001
	疾病阶段			
	I 期	1.00		
	II 期	2.60	1.35~4.99	0.004
T 细胞衰竭组	III 或 IV 期	7.18	3.72~13.86	*p* < 0.001
	组织学类型			
	导管癌	1.00		
	小叶癌	0.49	0.30~0.80	0.004
	混合癌	0.51	0.23~1.12	0.094
	其他类型	2.16	0.98~4.76	0.056
	tRFdb-5024a			
	低	1.00		
	高	0.57	0.15~2.06	0.388
	5P_ tRNA-Leu-CAA-4-1			
	低	1.00		
	高	0.55	0.12~2.49	0.442
T 细胞激活组	ts-34			
	低	1.00		
	高	0.18	0.03~1.14	0.069
	ts-49			
	低	1.00		
	高	3.91	0.61~24.95	0.150
	ts-58			

分组变量	变量	死亡		
		风险比	95% CI	p 值
	低	1.00		
	高	0.50	0.14~1.81	0.291
	年龄（每5年）	1.16	0.94~1.43	0.157
	疾病阶段			
	I 期	1.00		
	II 期	0.53	0.11~2.71	0.449
T 细胞激活组	III 或 IV 期	4.37	0.74~25.68	0.103
	组织学类型			
	导管癌	1.00		
	小叶癌	0.99	0.19~5.32	0.999
	混合癌	3.65	0.33~40.56	0.292
	其他类型	6.21	1.39~27.71	0.017